国家自然科学基金项目"喀斯特地区草地群落稳定性及其维持机制研究"(31260115)资助

喀斯特草地群落稳定性研究

李 莉 著

科学出版社
北 京

内 容 简 介

以贵州为中心的西南喀斯特地区,生态脆弱。草地是喀斯特地区石漠化的最后一道生态屏障,牧草成为石漠化治理的先锋植物和主要植物,草地群落稳定性研究是亟待破解的重大课题。本书以连续30多年的田间草地试验为基础,辅以温室试验和实验室分析,在喀斯特草地成因背景下,从系统、群落、种群和分子水平全面探索喀斯特草地稳定性机理,论述了天然灌草丛动态变化、豆科禾本科混播群落不对称竞争与共存、多年生豆科牧草密度自梳规律和人工草地多样性与稳定性,并提出了利于草地稳定持久的草地家畜系统系列指标体系,其成果与方法对丰富生态学草地群落稳定理论和指导喀斯特地区石漠化治理、植被恢复与生态建设实践具有积极的意义和作用。

本书可供科研人员、大专院校师生以及从事生态建设与修复的管理、科研、试验示范推广人员参考。

图书在版编目(CIP)数据

喀斯特草地群落稳定性研究/李莉著.--北京:科学出版社,2020.12
ISBN 978-7-03-066079-4

Ⅰ.①喀… Ⅱ.①李… Ⅲ.①喀斯特地区–草地–植物群落–研究
Ⅳ.①Q948.15

中国版本图书馆 CIP 数据核字 (2020) 第 174059 号

责任编辑:冯 铂 刘 琳/责任校对:彭 映
责任印制:罗 科/封面设计:墨创文化

科学出版社 出版

北京东黄城根北街16号
邮政编码:100717
http://www.sciencep.com

成都锦瑞印刷有限责任公司印刷
科学出版社发行 各地新华书店经销

*

2020年12月第 一 版　　开本:787×1092 1/16
2020年12月第一次印刷　　印张:9 1/4 插页:2
字数:225 000

定价:118.00元
(如有印装质量问题,我社负责调换)

目 录

第一章 概论 ··· 1
  第一节 西南喀斯特地貌与石漠化现状 ·· 1
    一、西南喀斯特地貌 ··· 1
    二、喀斯特地区石漠化现状 ·· 2
  第二节 喀斯特地区草地资源及其地位与作用 ··· 3
    一、喀斯特地区草地资源 ·· 3
    二、喀斯特地区草地的作用 ··· 4
  第三节 草地群落稳定性的意义 ·· 6
    一、生态学理论意义 ·· 7
    二、生产实践意义 ··· 7
  第四节 草地群落稳定性研究进展与方法 ·· 8
    一、草地-家畜的交互影响 ··· 9
    二、施肥对草地群落稳定性的影响 ·· 9
    三、草地群落种间相容性与竞争共存 ··· 10
    四、多样性与群落稳定性 ·· 13
    五、遗传多样性的研究进展与方法 ·· 15

第二章 喀斯特天然草地稳定性 ·· 18
  第一节 喀斯特天然草地类型特点与成因 ·· 18
    一、天然草地类型 ··· 18
    二、天然草地特点 ··· 18
    三、贵州天然草地成因 ··· 19
    四、天然草地群落稳定性分析 ·· 21
  第二节 天然草地生态服务功能——以贵州为例 ··· 22
    一、贵州省天然草地生态服务功能基准单价与订正 ······································· 22
    二、贵州天然草地生态系统服务总价值估算 ·· 24
    三、贵州省天然草地主要功能评价 ·· 25
  第三节 喀斯特天然草地植被动态变化 ··· 25
    一、草地植被变化 ··· 26
    二、草地植被波动率变化 ·· 27
    三、产草量变化动态 ·· 28
    四、喀斯特草地变化趋势分析评价 ·· 29
  第四节 喀斯特草地常见饲用植物构成与营养成分 ·· 29

  一、常见饲用植物种类构成····················30
  二、常见饲用植物营养成分····················33
  三、常见饲用植物评价与稳定性分析·············34

第三章 喀斯特人工草地群落稳定性·············36
第一节 喀斯特人工草地类型与特点············36
  一、人工草地类型························36
  二、人工草地特点························36
第二节 喀斯特山区草地建植分区及其主推牧草选择——以贵州省为例·····37
  一、贵州草地建植分区因素分析················37
  二、分区及其主推牧草·····················38
第三节 永久性三叶草混播草地群落稳定性·········39
  一、研究地概况与研究方法···················40
  二、产量时间动态及其与降水量的关系············41
  三、牧草种群生产力与时间变异性···············44
  四、混播组合群落组分时间动态及产量············45
第四节 红三叶混播草地群落对长期适度放牧的响应····46
  一、红三叶混播群落地上总生物量动态变化·········47
  二、红三叶混播群落各组分地上生物量动态变化······48
  三、红三叶混播群落20年后群落物种构成··········50
  四、红三叶与禾草种间相容性分析···············52
  五、牧草适应性与竞争策略分析················52
  六、红三叶混播群落的时间尺度················53
第五节 白三叶与不同禾草永久性混播草地群落稳定性··54
  一、白三叶混播群落产量的动态变化·············54
  二、白三叶混播群落中种群比例与生物量的动态变化···56
  三、白三叶群落杂草侵入量与群落抵抗力分析········58
  四、白三叶群落种间相容性与竞争共存分析·········58
  五、永久性人工混播草地群落稳定性的研究方法······59
第六节 百年足球运动场白三叶草坪群落稳定性······60
  一、永久性白三叶草坪的群落特性···············60
  二、建植100年的白三叶形态学特性分析···········61
  三、建植100年的白三叶遗传多样性分析···········62

第四章 草地利用制度与群落稳定性·············64
第一节 土地不同利用方式植被组分与土壤理化特性的变化·····64
  一、研究方法与试验设计····················64
  二、土地不同利用方式对盖度、密度和生物量的影响····65
  三、土地不同利用方式对土壤理化特性的影响········67
  四、土壤养分与群落特征之间的关系·············68
第二节 草地基本利用方式对草地稳定性的影响······69

  一、放牧对草地的影响 ··· 70
  二、刈割对群落稳定性的影响 ·· 70
 第三节 草地利用制度对群落稳定性的长期影响 ·· 71
  一、试验设计与方法 ··· 71
  二、混播组合与利用方式对盖度和多样性的影响 ·· 72
  三、混播组合与利用方式对密度的影响 ·· 74
 第四节 草地山羊放牧系统指标体系 ··· 76
  一、山羊的采食习性与放牧行为 ·· 76
  二、草地牧草的质量与山羊生产性能 ·· 77
  三、放牧山羊的能量需求 ··· 78
  四、贵州喀斯特草地山羊系统指标与关键技术 ·· 78
 第五节 人工草地绵羊系统指标体系 ··· 79
  一、试验材料与研究方法 ··· 80
  二、羔羊体重与日增重变化 ·· 80
  三、家畜繁殖性能、羔羊育肥与原系统效益比较 ·· 81
 第六节 草地肉牛系统指标体系 ·· 82
  一、放牧肉牛的草地特点 ··· 82
  二、草地状况与肉牛生产力 ·· 82
  三、肉牛系统的饲料预算 ··· 87
  四、有利于草地稳定的草畜平衡调控实例 ··· 88

第五章 多样性与群落稳定性 ·· 90
 第一节 天然植被草灌物种多样性 ·· 90
  一、云台山草灌植物的鉴定名录与种类构成 ·· 90
  二、云台山种群特征与多样性分析 ··· 93
 第二节 喀斯特地区野生白三叶形态多样性研究 ·· 94
  一、贵州野生白三叶分布与采样 ·· 94
  二、白三叶形态学特征与海拔的关系 ·· 95
  三、白三叶形态学性状相关性分析 ··· 97
  四、白三叶的形态多样性与环境协调进化分析 ·· 99
 第三节 贵州野生白三叶遗传多样性分析 ··· 99
  一、白三叶 SSR 引物名称及其序列 ·· 100
  二、贵州野生白三叶 SSR 多态性分析 ·· 101
  三、贵州野生白三叶遗传距离分析 ··· 103
 第四节 野生白三叶同一花序遗传多样性分析 ·· 105
  一、白三叶同一花序 SSR 多态性分析 ·· 106
  二、白三叶同一花序遗传距离分析 ··· 107
  三、植物遗传多样性的影响因素 ·· 109
  四、白三叶在同一花序水平上的遗传多样性分析 ·· 109
 第五节 白三叶形态和遗传多样性对时间梯度的响应 ··· 110

  一、白三叶形态学特性对时间的响应……………………………………………110
  二、白三叶遗传多样性对时间的响应……………………………………………114
 第六节 长期稳定紫羊茅小种群遗传多样性研究……………………………………115
  一、紫羊茅小种群遗传多样性研究方法…………………………………………116
  二、紫羊茅小种群遗传多样性分析………………………………………………118
  三、紫羊茅小种群遗传距离分析…………………………………………………119

第六章 草地群落与种群的竞争与共存……………………………………………121
 第一节 永久性白三叶混播草地群落种间竞争与共存……………………………121
  一、永久性草地扰动试验设计……………………………………………………121
  二、白三叶与紫羊茅竞争与共存…………………………………………………123
  三、白三叶与鸭茅的竞争与共存…………………………………………………124
  四、白三叶与禾本科草不对称竞争关系…………………………………………126
  五、白三叶与禾草竞争关系和竞争强度因季节而变化…………………………126
 第二节 白三叶初始密度对种群竞争和生产力的影响……………………………127
  一、白三叶密度自梳试验设计与方法……………………………………………127
  二、不同初始密度下白三叶植株数的时间动态…………………………………128
  三、不同初始密度对白三叶存活植株数和生长点数的影响……………………129
  四、初始密度与白三叶种群、个体、生长点生产力的关系……………………130

参考文献………………………………………………………………………………………133
后记……………………………………………………………………………………………142
彩图……………………………………………………………………………………………143

第一章 概 论

第一节 西南喀斯特地貌与石漠化现状

一、西南喀斯特地貌

喀斯特地貌即岩溶地貌,是发育在以石灰岩和白云岩为主的碳酸盐岩上的地貌。中国西南喀斯特地区主要包括贵州、云南、广西、四川、重庆、湖南、湖北和广东,面积超过 55 万 km^2,是世界上最大、最集中连片的喀斯特区,也是世界上喀斯特发育最典型、最复杂、景观与生态类型最多的一个片区,其最大特点是宽缓的高原被深切峡谷所分割,高原山区喀斯特发育常自成独立系统(袁道先,1983)。

贵州位于西南喀斯特地区的中心地带,是长江、珠江的分水岭,喀斯特面积达 13 万 km^2,占全省土地总面积的 78%以上(参见彩图 1-1)。全省 95%的县市有喀斯特分布,其中喀斯特面积占所在县土地面积 50%以上者占全省县市的 75%,比重之高,在东亚片区罕见(贵州省发展和改革委员会,2007)。

贵州喀斯特山区在地质构造上主要属扬子台褶皱带,西北与四川台拗相接,东、南分别向江南台隆和华南褶皱系过渡。地层发育齐全,从元古界至第四系均有出露,累积最大厚度达 3 万 m 左右。成土母岩主要为石炭系、二叠系和三叠系的碳酸盐岩,岩石质地纯净,其中,纯碳酸盐岩分布面积达 78 669km^2,占全省总面积的 44.66%(贵州省发展和改革委员会,2007)。

以挤压为主的中生代燕山构造运动使贵州地貌波形起伏,以升降为主、叠加在此上的新生代喜山期构造运动塑造了现代陡峻而破碎的喀斯特高原地貌景观,地势高差悬殊,山高坡陡,谷低峡深,山地性特征显著,且地貌类型复杂,切割深度大,地表崎岖而破碎。由此产生较大的地表切割度和地形坡度。贵州全省平均地表坡度为 21.5°。

贵州喀斯特区域河流具有特殊的二元结构,即地表径流和地下径流,且水资源丰富。贵州高原河川径流的径流深和径流量均比较大,各地径流深年均值为 300~1100mm。河流水量的月分配与降雨月分配一致,极不平衡,水量大都集中在夏、秋各月,占年径流量的 75%~85%,洪枯流量变化大,洪枯比一般大于 100,年际变化比大,最大最小年比值为 2~4。河流天然落差大,以贵州高原最大的河流乌江为例(全长约 1038km),全干流省内天然落差 2036m,河床比降在干流地段为 2%~6%,在支流地段高达 9%~25%,激流险滩瀑布分布普遍。由于长期的溶蚀作用,喀斯特地区地下水系已相当发育,降水、岩溶水、地下水之间转化迅速,地表水大量漏失(袁道先,1983)。

二、喀斯特地区石漠化现状

喀斯特生态系统深受岩溶环境制约。喀斯特石漠化是岩溶生态系统退化到极端的表现形式，是指在热带、亚热带湿润、半湿润气候条件和岩溶极其发育的自然背景下，受人为活动干扰，地表植被遭受破坏，造成土壤侵蚀程度严重，基岩大面积裸露，土地退化的表现形式（曹建华等，2011）。

(一) 石漠化现状

根据国家林业和草原局（2018）发布的《中国·岩溶地区石漠化状况公报》，截至 2016 年底，我国喀斯特地区石漠化土地总面积为 1007 万 hm^2，占全国喀斯特面积的 22.3%，占区域土地面积的 9.4%，涉及湖北、湖南、广东、广西、重庆、四川、贵州和云南 8 个省（自治区、直辖市）457 个县（市、区）。

按省份分布状况，贵州石漠化土地面积最大，为 247 万 hm^2，占全国石漠化土地总面积的 24.5%；其他依次为：云南、广西、湖南、湖北、重庆、四川和广东，面积分别为 235.2 万 hm^2、153.3 万 hm^2、125.1 万 hm^2、96.2 万 hm^2、77.3 万 hm^2、67 万 hm^2 和 5.9 万 hm^2，分别占全国石漠化土地总面积的 23.4%、15.2%、12.4%、9.6%、7.7%、6.7% 和 0.6%。

按流域分布状况，长江流域石漠化土地面积为 599.3 万 hm^2，占全国石漠化土地总面积的 59.5%；珠江流域石漠化土地面积为 343.8 万 hm^2，占 34.1%；红河流域石漠化土地面积为 45.9 万 hm^2，占 4.6%；怒江流域石漠化土地面积为 12.3 万 hm^2，占 1.2%；澜沧江流域石漠化土地面积为 5.7 万 hm^2，占 0.6%。

按程度分布状况，轻度石漠化土地面积为 391.3 万 hm^2，占全国石漠化土地总面积的 38.9%；中度石漠化土地面积为 432.6 万 hm^2，占 43.0%；重度石漠化土地面积为 166.2 万 hm^2，占 16.5%；极重度石漠化土地面积为 16.9 万 hm^2，占 1.7%。

(二) 潜在石漠化土地现状

截至 2016 年底，我国喀斯特地区潜在石漠化土地总面积为 1466.9 万 hm^2，占全国喀斯特面积的 32.4%，占区域土地面积的 13.6%，涉及湖北、湖南、广东、广西、重庆、四川、贵州和云南 8 个省（自治区、直辖市）463 个县（市、区）。

按省份分布状况，贵州潜在石漠化土地面积最大，为 363.8 万 hm^2，占全国潜在石漠化土地总面积的 24.8%；其他依次为广西、湖北、云南、湖南、重庆、四川和广东，面积分别为 267.0 万 hm^2、249.2 万 hm^2、204.2 万 hm^2、163.4 万 hm^2、94.9 万 hm^2、82.1 万 hm^2 和 42.3 万 hm^2，分别占 18.2%、17.0%、13.9%、11.1%、6.5%、5.6% 和 2.9%。

按流域分布状况，长江流域潜在石漠化土地面积最大，为 931.1 万 hm^2，占全国潜在石漠化土地总面积的 63.5%；珠江流域潜在石漠化土地面积为 474.7 万 hm^2，占 32.4%；红河流域潜在石漠化土地面积为 32.4 万 hm^2，占 2.2%；怒江流域潜在石漠化土地面积为 13.8 万 hm^2，占 0.9%；澜沧江流域潜在石漠化土地面积为 14.9 万 hm^2，占 1%。

(三)石漠化危害

石漠化加剧了喀斯特地区的贫困状况,最直接的后果就是土地资源的丧失(参见彩图1-2),使群众失去赖以生存的基本条件和家园,农民增收十分困难,经济社会发展与全国平均水平的差距大,受石漠化危害的地区成为中国最主要的贫困地区。石漠化严重地区几乎囊括了贵州50个国家级重点扶贫县和20个一般扶贫县;2015年贵州全省493万贫困人口,绝大多数分布在石漠化严重区域。统计资料显示,1995年贵州省农民人均纯收入1086.62元,为全国平均水平的68.87%;到2015年贵州省农民人均纯收入7387元,距全国平均水平仍有较大差距,人均GDP为4806.78美元,仅略高于全国平均水平8280.09美元的二分之一。贵州省78个石漠化县(市、区),每年因石漠化造成的直接经济损失达28亿元以上。

石漠化加剧了喀斯特地区水土流失和旱涝等自然灾害,严重影响经济社会的可持续发展。石漠化与水土流失互为因果、恶性循环,水土流失产生石漠化,而石漠化又进一步加剧水土流失,最终导致生态环境的全面恶化。贵州省水土流失面积从20世纪50年代占全省土地总面积的14.2%,60年代的19.9%,80年代的28.4%,发展到90年代的43.5%。区域内乌江每年泥沙流失量为1.4亿t,其中进入三峡库区的达1.1亿t。水土流失不仅加剧了喀斯特地区的石漠化和贫困状况,而且由于大部分泥沙进入长江和珠江并在两江中下游淤积,会导致河道淤浅变窄、湖泊面积及其容积逐年缩小,使蓄、泄洪水能力下降,威胁到长江和珠江中下游地区的生态和国家"西电东送"大型水利枢纽工程的安全。

第二节 喀斯特地区草地资源及其地位与作用

喀斯特地区,由于岩溶生态环境土壤贫瘠、地下水埋深大、旱涝频繁等脆弱性基底原因,植物一般具有岩生适应性,以耐旱性、喜钙性、岩生性为特征的藤本刺灌丛、旱生性乔木灌草丛、肉质多浆灌丛等植物群落,即岩溶植被为主,植物生长缓慢,绝对生长量低,顺向演替难,逆向演替易,群落的自我调控力弱。林地树种多为松、杉等针叶树,草种多为禾本科草。生态系统非常脆弱。草地植被是喀斯特山区的最后一道生态屏障,草本植物也是石漠化治理的重要先锋植物,因此有重要的地位和作用。

一、喀斯特地区草地资源

(一)西南地区草地资源

喀斯特地区灌丛的高密度分布主要与岩溶分布区,特别是喀斯特石漠化严重的滇东、桂西和贵州存在较好的对应关系。西南地区是我国热性灌草丛和暖性灌草丛的主要分布区。草本群落的高密度分布区主要出现在四川、贵州和云南,以及渝、桂西、湘西、鄂西(曹建华等,2011)。这与这些地区较低的温度和太阳辐射量有关,适宜营养体植物生长。

根据第一次全国草地资源普查，西南地区 9 省（自治区、直辖市）共有天然草地 3557.8 万 hm^2，可利用草地 2903.8 万 hm^2（表 1-1），共涉及 447 个县（市、区）。其中云南省面积最大，其次是四川省和贵州省（中华人民共和国农业部，1996）。

表 1-1 西南区天然草地统计表

省（自治区、直辖市）	土地面积/km^2	天然草地面积/hm^2	可利用草地面积/hm^2	理论载畜量/（羊单位·a^{-1}）
贵州	176 128	4 287 257	3 759 735	11 734 636
云南	334 140	13 463 253	10 482 214	28 088 000
四川	253 491	6 429 275	5 530 286	20 853 085
重庆	82 335	2 158 444	1 916 440	10 958 305
广西	35 450	1 581 370	1 198 032	4 102 232
湖南	53 858	2 259 019	2 021 020	7 402 798
湖北	58 408	2 539 800	1 953 652	6 435 407
陕西	74 045	2 118 063	1 539 323	4 580 392
甘肃	23 899	741 821	637 796	839 184
合计	1 091 754	35 578 302	29 038 498	94 994 039

（二）贵州草地资源概况

根据 20 世纪 80 年代第一次全国草地资源普查数据，贵州省有 429 万 hm^2 天然草地。贵州境内地形以山地丘陵为主，立体气候明显，所以天然草地类型丰富，有山地丘陵草丛类、山地丘陵灌草丛类、山地丘陵疏林类、山地草甸类、低地草甸类、沼泽类共 6 大类（后两类面积较小，零星分布），56 个型。国土二调数据显示，贵州省天然草地面积为 160 万 hm^2，主要类型为暖性灌草丛类、热性灌草丛类、山地草甸类。

从 20 世纪 80 年代开始，贵州省大力开展天然草地改良和人工草地建设，到 2018 年，全省人工草地累计保留面积为 55 万 hm^2。

二、喀斯特地区草地的作用

（一）草地畜牧业是喀斯特地区发展经济与生态保护的切入点

喀斯特石漠化的最主要原因之一，是在人口压力下，长期进行毁林开荒、毁草开荒；而贵州的耕地中，坡耕地占 75%以上，栽种作物一年一耕，大部分时间土壤裸露，没有植被覆盖，雨水侵蚀，水土流失严重，几年甚至一个雨季就会发生石漠化。喀斯特地区要从根本上防治石漠化，就必须培育一种产业，这种产业一方面能够使农民增收、农业增效、农村经济发展，另一方面要能够保持水土，具有显著生态效益，进而实现经济社会和生态的可持续发展。以草地建设为基础的草地畜牧业就是这样一种产业。

第一，草地畜牧业具有显著的经济效益。喀斯特地区贫困人口聚居，人口压力大。进行环境治理与生态恢复，必须考虑农民脱贫致富的问题，才能实现人与自然、经济与环境的和谐发展。多年的实践表明，发展草地畜牧业，在建设当年就能产生经济效益，可在短期内大幅度增加农民收入。贵州省独山县 400 户农户种植优良牧草 1000 hm^2，饲养奶牛 1200 头，每户年收入在 8000 元以上。威宁县麻乍乡嘎利村建植优质高产刈割草地 350 hm^2，全村存栏牛从 1994 年的 523 头增至 2017 年的 2985 头，户均 5 头；出栏牛从 1994 年的 115 头增至 2017 年的 1272 头，户均 4.2 头，畜牧业产值占农业总产值的比重达 62%。

第二，草地生态效益显著，能有效防治石漠化。植被遭到破坏后的喀斯特石漠化地区，历史上草山草坡资源丰富，雨热条件适宜优良牧草生长。牧草有顽强的生存能力，其根系主要集中分布在 0~30cm 的表土层中，可充分扩展于石漠化地区薄薄的土壤层，有效锁定土壤和水分，减少水土流失。种植优良牧草，能在短期内（3~4 个月）覆盖 95% 的地面，起到防治水土流失、涵养水源的作用。建植后草地的水土流失量较同等条件下的农田显著降低，在日降雨量为 30~40mm、坡度为 15°左右时，其地表径流量仅相当于同等农田的 45%左右，土壤冲刷量仅相当于农田的 5%左右（蒋文兰等，1996a）。在疏林地、果园地种植车轴草属（*Trifolium*）、紫花苜蓿（*Medicago sativa*）等优质豆科牧草，不仅能提供优质饲料，还能改善林木的生存条件。

第三，草地畜牧业的社会效益明显。喀斯特山区多为少数民族聚居区，通过大力发展草地畜牧业脱贫致富，使各民族安居乐业，家园美好，有利于人居环境、社会稳定与和谐社会的建设。贵州位于长江、珠江上游流域，生态恢复与建设直接关系到下游地区的经济发展和人民群众生活质量和水平的提高，有利于区域之间的共同发展与合作。

(二)草地植被恢复与建设是防治喀斯特石漠化的有效途径

大力发展草地畜牧业能产生良好的综合效益，而生态学理论与实践证明，草地植被恢复与建设是喀斯特地区防治石漠化的有效途径。

1. 理论基础

喀斯特地区虽属亚热带气候，雨量充沛但阴雨天多，气候温和但光照不足，不利于植物籽实的生长发育，水稻、玉米等收获籽实的粮食作物，产量低。所以，一方面由于人口压力和曾经过分强调"以粮为纲"，大量毁林毁草开垦土地，另一方面贵州的粮食问题并没有得到根本解决，从 1957 年开始粮食就不能自给自足。而这种气候却非常适合植物营养体的生长，有利于以收获牧草茎叶等营养体为主要产品的草地生产，所以这些地区牧草资源丰富，产草量高。

喀斯特地区植被的气候顶级类型多为森林，但人口压力造成的强度干扰再加上喀斯特土壤瘠薄，森林植被的恢复是比较漫长的，短期内经济效益低，生态效益也有限。处于亚顶级的草丛、灌草丛，通过改良和适度放牧等中度干扰可长期维持，退耕还草的多年生混播草地建设当年就可获得较高的产量，而且在合理利用下，可促进养分在系统内土—草—畜界面的循环，一方面提高系统产出，另一方面保持系统的动态稳定。草地稳定机制研究表明，喀斯特的立体地形和气候产生的草地生物多样性、物种间的生态位互补机制，家畜利用产生的适度干扰，均有利于草地群落物种间实现长期的竞争共存（蒋文兰，1991）。

2. 技术积累

草地植被的长期稳定是草地防治石漠化的前提，而草畜系统的稳定性管理是一个系统科学，需要解决一系列关键技术。贵州喀斯特地区在30多年的科技攻关中，筛选出系列优质牧草品种和恰当的混播组合及其比例，解决了草地群落的种间相容性问题；在量化研究草畜系统的养分循环和物质流动的基础上，建立了不同草地家畜系统的指标体系，保证系统的动态平衡；通过对载畜量、草地利用技术的研究，确定了维持系统稳定的干扰强度和频率。而以绵羊宿营法为基础的家畜宿营法，解决了喀斯特山区土地资源的难利用与保护问题，成为改良天然草地、恢复退化草地和建植人工草地的低成本实用技术（蒋文兰等，1996b）。

3. 实践积累

喀斯特草地生态建设和草地畜牧业科研与生产的长期实践表明，适度干扰下草地植被包括人工草地是可以长期维持稳定的。贵州省威宁县石门坎还保持着英国传教士柏格理于1905～1907年建植的白三叶（*Trifolium repens*）单播草地、白三叶与多年生黑麦草（*Lolium perenne*）/早熟禾（*Poa annua*）混播的练习场，草地群落结构良好，覆盖度达90%以上（王元素等，2012）。特别是20世纪80年代草地畜牧业建设全面开展后，形成了不同类型的长期草地。贵州省威宁县灼圃示范牧场连续利用20多年的混播放牧草地和刈割草地，其盖度、密度、生物量等群落特性良好，土壤全氮、有机质、有效氮、速效磷、速效钾以及土壤容重、pH等理化指标显著优于同等条件下的耕地，能有效防治石漠化。

第三节　草地群落稳定性的意义

我国人口众多，对资源与环境产生很大压力。改革开放以后，经济快速发展，人民生活水平不断提高，对肉乳等畜产品的数量需求越来越大、对质量要求越来越高。在经济利益驱使下，我国天然草地长期超载过牧，导致草地大面积退化、生产力下降、生态功能削弱甚至丧失、沙尘暴频发等一系列生态问题。在南方喀斯特地区，特别在喀斯特地貌典型的贵州，由于采伐过牧等人为因素以及生态脆弱等自然因素的共同作用，天然植被退化严重，石漠化加剧，严重影响经济可持续发展和生态安全。20世纪80年代90%左右的天然草地发生不同程度的退化。天然草地生态修复，同时建植大面积高产优质人工草地，是缓解与解决经济发展与生态环境保护这一矛盾的正确选择。

从2003年起，我国持续开展退耕还草、退牧还草岩溶草地治理等草原生态建设工程，同时开展粮改饲、振兴奶业苜蓿发展行动等工程，大力发展人工种草，以减轻天然草地的压力，草原植被得到初步恢复，防风固沙和水土保持能力显著增强，建设区生态环境明显改善。人工草地中，多年生混播草地占有非常大的比重。但是，由于管理和利用技术的不足，人工草地有的2～3年，有的在建植当年就严重退化（王元素，2007）。天然草地的退化问题仍然比较严重。据行业测算数据，贵州省经过多年草地生态治理，退化草地大幅减少，但到 2018 年仍有 50%的天然草地为退化草地。开展草地的稳定持久利用及其维持机制的研究，是我国经济、社会和生态可持续发展的重大课题和迫切要求。

一、生态学理论意义

研究生物群落的稳定性和提高生产力，一直是生态科学的重要任务之一。应用生态学有关理论，通过科学实验与建立生态数学模型，研究生物群落稳定性的最佳组合、技术措施和约束条件，以促进生态保护和生态农业的发展。草地群落是最重要的生物群落之一。开展人工种草是实施生态恢复与重建、发展集约化草地畜牧业以及实行可持续发展战略的重要措施。世界上草地畜牧业发达的国家如新西兰、澳大利亚和美国等，大力开展天然草地的改良和草地群落演替研究，而且人工草地在总草地面积中占有很大的比重，一般占 10%～15%及以上，新西兰则高达 70%（胡自治，2000）。草地具有显著的生态效益。与同等条件的农田相比，人工草地的地表径流和土壤流失量仅分别为农田的 45%和 5%，有机质、有效氮、有效磷和有效钾增加了 41%～630%（蒋文兰等，1996b）。

草地群落稳定性的研究一直是草地学和生态学的研究重点（蒋文兰，1991；董世魁，2001）。Hodgson 和 Dasliva（2000）认为，草地放牧系统的生态学主要研究目标，一是增加放牧系统的生产力及其稳定性，二是增加草地中豆禾比例平衡的可预测性和稳定性，三是研究稳定性的机理与调控。在草地群落稳定性的研究方面，最具代表性的指数/指标是草层高度（Hodgson，1990）和生物量（Matthews et al.，1995），因为这两个指标直接与家畜的采食量有关。

由于生态演替的长期性特点等原因，模型特别是理论模型的建立，是生态学的三大研究方法之一（张大勇，2000）；但是，由于同样的原因，模型的模拟与预测结果，很难得到长期的田间受控试验的检验与证实。而且，有关种群与群落竞争以及长期稳定机理的研究，很少在利用条件下进行，其研究结果与实际有很大的差异（Goldberg and Barton，1992）。用短期的群落动态来模拟和预测长期的群落竞争与稳定结果，是一个普遍存在的问题（Silvertown et al.，2006）。因此，在适度利用条件下，对草地植被种间竞争共存、种群与群落时间稳定性及其维持机制进行长期系统的试验研究，为群落稳定性研究从依赖短期实验数据建立模型的不足转向长期田间实验与模型研究相结合的方法做有益的探索，对丰富和发展草地群落稳定性的生态学研究有着积极的理论意义。

二、生产实践意义

我国南方喀斯特山区，生态脆弱，降水量大，年降雨量为 900～1800mm，且暴雨多，容易水土流失；20 世纪八九十年代，喀斯特地区石漠化以每年 25%的速率递增；坡度小于 25°的土地都是作物地，草地多是坡度较大的坡地，地面处理水土流失风险很大；机械化程度低，地面处理代价大，地块零乱，地形不规整，坡度大，限制了农业机械的使用；人工草地建设一次性投资很大，1999 年成本价就达 2250 元·hm^{-2}（王元素，2004）。这些地区，进行草地生态建设与修复时，地面处理越少，水土流失的风险就越小。所以，喀斯特山区草地特别是混播草地的稳定持久利用，是自然条件的必然要求。

南方喀斯特地区是我国三大贫困人口聚居区之一。传统农业把天然草地开垦为作物地，造成严重的水土流失，加剧石漠化程度，产生严重的生态问题。因此，研究与探索适宜的技术，进行草地生态修复，同时对草地群落稳定性维持机制进行研究，以实现草地的长期利用，走上可持续发展的道路，是一个亟待解决的问题。20世纪80年代初，任继周（1984）等一批草业科学家就开始了南方草地资源持续利用的全面研究。该地区长达30余年的草地生态建设实践，为群落的稳定性机理特别是种群竞争共存机制和繁殖适应对策的系统研究奠定了基础。草地长期稳定性及其机理的研究，对草地生态建设、生态修复和草地畜牧业的可持续稳定发展有重要的实践指导意义。

本书的主要研究，是在长期适度放牧条件下，从物种多样性与群落净生产力、群落组分构成与群落持久性、种间竞争与共存、利用制度与群落演替、遗传多样性与种群持久性等方面研究草地群落长期稳定性的维持机制，完整地涵盖了草地群落时间梯度上的动态变化。其研究结果对群落稳定性理论及指导生态脆弱地区生态恢复和环境保护实践有积极的作用和意义。

第四节　草地群落稳定性研究进展与方法

虽然关于群落稳定性的研究有很多，但其定义长期争议不断（Illius and Hodgson，1996）。草地群落稳定性涉及持久性、抵抗性、恢复性等方面（蒋文兰，1991；董世魁，2001）。根据 Clements（1916）气候顶级学说观点，大部分草地农业地区的顶级群落是森林，草地只是在管理控制下的亚顶级群落，因此草地的稳定性概念必须考虑这一特点（Hodgson et al.，2000），并认为 Conway 的定义"由于自然波动和周围环境周期产生的小型干扰力情况下群落生产力的稳定持久性"比较适合草地群落的稳定性研究。

国内外对影响草地群落时间稳定性的因子进行了多方面的研究，主要包括种间相容性、环境压力和干扰活动。种间相容性是指在各个混播组分之间的相互作用下共存的能力；环境压力则指由于环境条件如温度、水分、肥力等发生变化时各牧草组分间的相互作用；干扰活动是指在人为因素（如放牧和刈割）的干扰下草地组分之间相互作用的变化（蒋文兰，1991；Bullock，1996；董世魁，2001）。混播组合对人工草地群落稳定性有着决定性的作用，是调节人工草地种间竞争的主要途径，关系到将来的结果是竞争排除还是竞争共存（王刚和蒋文兰，1998）。

亚热带和温带人工混播草地群落的稳定性研究主要集中于白三叶和多年生混播草地，叶片、分蘖分枝的变化难以捉摸，而生物量是所有因子的综合函数与体现，对生产管理也最具实际意义，放牧草地系统的生产管理措施都是基于草地生物量来制订和操作的（Hodgson and Dasilva，2000）。

一、草地-家畜的交互影响

草地-家畜这一对矛盾是草地家畜系统的核心，放牧家畜对草地的影响首先表现为轮牧和定牧两种不同放牧制度下的不同(Hodgson，1990)。轮牧有利于草地牧草的生长和组分稳定，中度放牧利用下草地产量和质量持久。大量的研究证明，伸展开或接近于伸展开的叶片光合作用最强，而不被家畜采食的成熟叶片光合作用效率较低；对家畜来说，只有尽可能地采食鲜嫩多汁的叶片才能获得高产出，而草地则需要高光效的鲜嫩多汁的叶片保持高产。这是定牧有利于家畜而轮牧有利于草地的原因。在定牧时，牧草的光合作用只有在春季最强，其他季节较弱；而在轮牧时，停牧期牧草的光合作用很强，放牧后降低，停牧后又迅速恢复。白三叶/多年生黑麦草轮牧草地，叶面积指数为 5、牧草分蘖数为 12 000 株·m^{-2} 时光合作用最强，放牧一天后，叶面积指数下降到 3.5，但停牧 11 天后基本恢复(Delinum et al.，1984)。维持豆禾混播群落稳定性是很困难的，因为豆科牧草生长点对放牧采食很敏感；动物对牧草的选择采食是相对的，不是绝对的(Hodgson and Dasilva，2000)。

除放牧制度外，放牧强度和频率是决定干扰活动对群落稳定性影响程度的主要因素(Scott and Tileman，1993)。在连续高强度放牧情况下杂草入侵，造成栽培种受害，而轻度和中度放牧有利于栽培种的存在(Brougham，1966)。放牧和刈割会影响开花期，例如重牧影响茎秆的形成而推迟开花期。而耐受性强的牧草在家畜的干扰环境中能快速动用储备的能量长出新的叶片(Grime，1979)。白三叶、多年生黑麦草等许多牧草因适应草食者的采食而具有超补偿(overcompensation)效应，它们在经家畜适度采食后能更好地生长(Belsky，1992)。

二、施肥对草地群落稳定性的影响

豆科/禾本科牧草混播草地施磷肥比施氮肥更重要。施肥是混播草地的重要生态因素，可显著增加草地产量 72%～225%，1kg 氮磷钾复合肥可生产 13.7～18.4kg DM(dry matter，干物质)，施氮对白三叶/多年生黑麦草混播草地的影响试验表明(Mijatiović，1981)，每年施氮素 25～50kg·hm^{-2}，多年生黑麦草的分蘖数增加，到早春时最高(6200 株·m^{-2})，但白三叶的分枝数却从 2650 株·m^{-2} 下降到 1250 株·m^{-2}。因此，尽管施氮在短期内增加了草地产量和多年生黑麦草的分蘖数，但从长远来说，施氮无助于混播草地的长期利用和群落稳定性；真正影响草地利用年限的因子是混播组合、放牧管理和气候因素。土壤肥力对草地生产的季节模式没有太大的影响。豆科牧草单播草地或者豆科/禾本科牧草混播草地，其牧草根部的根瘤菌能固定大气中的氮，可显著地改善土壤结构，提高土壤肥力。禾本科牧草中，无芒雀麦(*Bromus inermis*)比多年生黑麦草需要更高的肥力，而鸭茅(*Dactylis glomerata*)则相对较低(陈宝书，2001)。

三、草地群落种间相容性与竞争共存

(一)资源性竞争与生态位分化

种间相容性决定种间竞争的结果是竞争排除还是竞争共存。种间竞争是指对环境资源要求基本相同的种共存时,其生活力、生长速度和繁殖力因彼此相互作用而下降的现象(James et al.,1989)。种间竞争可以决定草地生态系统中牧草的新旧更替和植物群落的组分变化(Aarssen et al.,1985)。混播草地群落组分的种间竞争力和对资源的利用力受气候因子的影响,这使豆禾平衡更为复杂。被认为最具稳定性的白三叶和多年生黑麦草混播群落,在斑块中存在快速时空变化的自我补偿生长时,才实现种间平衡(Schwinning and Parsons,1996)。

竞争共存的前提是物种生态位的分化。具有相似生态习性的植物种群,在资源的需求和获取资源的手段上都十分激烈,尤其是密度大的种群;两个植物种越相似,其生态位重叠越多,竞争就越激烈(Gause,1934)。由于草地群落各组分有不同的生活型和生态型特点,存在复杂的相互关系,所以不同的草地植物组分表现出不同的相容性,可以通过功能生态位互补、时间生态位互补和取样效应来改善和影响系统功能(Loreau,2000)。

营养生态位分化:不同的物种不但对营养需求的程度不同,而且对同一种营养的利用方式也有差异。Grime(1979)的竞争者-耐逆者-杂草理论认为,竞争能力是由迅速利用资源的能力而不是忍耐资源消耗的能力所决定的,具有最大资源获取潜力的种将是竞争的优胜者。Tilman(1982)资源比率理论假设当植物利用资源时,资源浓度将逐渐降至平衡浓度(R^*),低于这一浓度时,种群本身不能维持稳定;处于平衡状态时,具有最低 R^* 值的种将排除所有其他的种;该学说同时认为,只要资源供应点在群落内有足够的空间变异,多个物种就可以在同一区域同一群落实现稳定共存。这一学说从更广泛的意义上属于竞争共存的空间异质学说。由于不同种以不同的方式利用同一种资源,也会导致分化。Begon(1984)的植物对资源的利用模型表明,5 种甚至更多种植物在竞争少数相同资源时是可以共存的。

但不是说群落中的种,生态位越远就越稳定。早在 1890 年,丹麦植物学家 Warming 就发现,形成群落的种实行同样的生活方式,对环境有大致相同的要求,似乎在这些种之间有一种共生现象占优势。种间竞争的强度可能对稳定性-多样性关系影响不大,但它们竞争的不对称性可能是很重要的(Hughes and Rougharden,1998)。

Jones 和 Jone(1978)认为,禾本科牧草与豆科牧草混播时要竞争光、水和土壤矿物元素等,而在湿润地区,对光的竞争最重要(Donald,1963)。一般来说,豆科牧草的根系要比禾本科牧草的深而强壮(陈宝书,2001),但表现出较低的水利用效益。对三叶草和黑麦草的比较研究表明,根的大小是决定地下竞争力的最重要的根系特征,其中根的长度对竞争结果的影响往往比根的质量大,如果混播组分受不同的生长因子控制,或者对同一生长因子表现出均衡的竞争力时,混播组分之间就能"友好"地相处下去(Aarssen and Turkington,1985)。豆科牧草主要竞争 P,而禾本科牧草竞争 N;豆科牧草固定大气

N供给禾本科牧草的偏利关系应该是营养生态位分化的特例。

时间生态位分化：草地群落各物种的资源需求高峰在不同的时段。禾本科牧草如多年生黑麦草春季生长迅速；而豆科牧草如白三叶夏季生长旺盛(Sheath et al.，1987)。不同的草种及其品种开花期不同。早熟禾的开花期较早，多年生黑麦草要到4月后才抽穗(龙瑞军和王云素，2004)。

空间生态位分化：牧草的生理生态特性和形态结构特征不同，有不同的空间分布特点。草地草本植物可分为密集生长型和分散生长型，密集生长型草类节间短，营养枝聚集成簇，如丛生型禾草；分散生长型草类节间长，构件间相距较远，如三叶草(陈宝书，2001)。白三叶叶片平伸，多年生黑麦草叶片直立(Bullock，1996)。但草地组分在草层的空间分布和成熟度诱导了家畜进行选择性采食(Heitschmidt et al.，1990)。

家畜的粪尿排泄会增加空间生态位分化。一方面，增加了空间异质性，有利于不同的物种共存；另一方面，家畜粪尿把整个放牧地的养分集中于低于25%的地块内(主要在饮水点、出口和通道)，造成草地养分极不平衡的再分布，同时加重了家畜的选择性采食行为(Hodgson，1990)。

温度的变化既会引起时间生态位的变化，又会引起空间生态位的变异。牧草的新陈代谢速度直接取决于温度。大部分情况下温度每升高10℃，牧草的代谢速度增快1倍(Hodgson et al.，2000)。不同的牧草种和品种有不同的适宜温度范围。例如，多年生黑麦草最适宜的生长温度为18℃，白三叶为20~23℃。温度还通过影响微生物的活动间接地影响草地牧草特别是禾本科牧草的生长速度，而这种间接作用对三叶草等豆科牧草的影响不太明显(McDermott and Wang，2000)。与多年生黑麦草比较而言，鸭茅和无芒雀麦较能抵抗干旱，而且旱季过后的再生长也较快(陈宝书，2001)。

当然，生态互补效应并不是无限的。在环境压力下，即在限制性资源给定的条件下，即使非常不同的物种或功能群也只是部分互补。因此，互补对生产力的正效应在很低的物种丰富度水平上就可以达到饱和(Vandermeer et al.，1998)。

(二)非资源性竞争

除资源性竞争表现出的生态位分化外，物种间还存在非资源性竞争共存关系，尽管非资源性竞争的本质还是为了竞争资源。

空斑理论：混播群落中的植株或分蘖发生着动态的死亡，放牧条件下家畜的踩踏以及粪尿都会形成或留下空斑(gap)，克隆繁殖力强或种子产量高的种容易抢占空斑。抽彩式竞争(Sale，1977)理论认为，一个物种的个体先于另一个物种的个体到达空斑或者萌发会造成先到达个体在以后的竞争中占据非常有利的位置，使得谁先到谁就可占据空斑；当不同的种以不同的速度占据动态的空斑时，有利于竞争共存。环境波动理论认为，即使是最简单的环境也总是持续变动着的，尤其是季节变动。

似然竞争(Holt，1977)：在捕食者的作用下，两个被捕食者之间发生的非资源性的竞争或负作用。选择性采食强的家畜如绵羊放牧时，适口性好的牧草越来越少，适口性差的牧草则越来越多；选择性差的家畜如牛放牧时，适口性差的牧草随适口性好的牧草的减少而减少。家畜的选择性采食行为(selective behavior)是引起草地植被组分改变和群落稳定性失衡的关键因素(Hodgson，1990)。在混播草地中，家畜对不同的牧草表现出选择性。白三叶/禾本科植物混播中，家畜采食日粮中的白三叶总是有较高的比例(Clark and Harris，1985)。与牛相比，绵羊具有很强的选择性采食行为(Grant et al.，1985)，所以，Hodgson(1990)把绵羊叫做"营养收集器"，而把牛称为混播草地的"比例调节器"和"草地清理机"。

超补偿理论：草地植被中有一些牧草，例如多年生黑麦草和白三叶，不但具有良好的无性分蘖能力，而且因适应草食者的采食而具有超补偿效应，经家畜适度采食能更好地生长(Belsky，1992)。

(三)牧草适应与繁殖对策

在家畜的放牧采食下，草地植物会发生相应的适应与繁殖响应。植物个体水平上对放牧有两种响应对策：短期发生生理反应以应对组织被采食后碳水化合物供给和光的不足；长期则发生形态学的变化，进化"回避"采食机制以减少被采食的机会而持久存在(Lemaire and Chapman，1996)。抵抗家畜采食的机制主要分为两部分，"回避"(avoidance)与"忍耐"(tolerance)。"回避"是指减少被采食的可能性和强度，其机理包括结构特性、物理特性和化学物质的变化；"忍耐"则包括被牧食后残留分生组织来源和有效性以及促进再生的生理过程(Briske，1996)。尽管这两种机制得到了广泛的认可，但是对于大多数牧草组合来说，以哪一种机制为主，两种机制的相互关系如何还不清楚(Lawrey，1983)。

Briske(1996)提出抵抗阈值解释学说。群落中优势植物由于放牧强度的增加减少了"忍耐"机制的贡献率，导致其抵抗力与亚优势种的抵抗力相等，此时的放牧强度称为抵抗阈值。超过此阈值，优胜种的抵抗力就会低于亚优势种，因失去竞争优势可能从群落中消失(O'Connor，1999)，或者成为散布的小种群(Butler and Briske，1988)。

"忍耐"型植物接受的光多，占有较多的资源，生长迅速，其竞争力高于"回避"型植物，因为后者的回避机制如次生化合物的产生必须以牺牲生长速度为代价(Briske and Richards，1995)。植物以其派生的次生化合物抑制家畜的摄食，进而影响其消化、代谢及生长等生理生态特征。植物中的次生化合物是一类无营养价值的化学成分，有的是抗营养因子如单宁，有的是有毒物质如生物碱。所有的植物都含有毒素，而家畜对毒素的摄食量取决于饲草中营养元素和毒素的种类和数量(Provenza et al.，2003)。研究表明，随植物性日粮中次生化合物浓度增加，家畜采食量呈指数下降(Stapley et al.，2000)。在长期放牧下"回避"型植物呈垫伏状，"回避"机制可能比"忍耐"机制对抵抗家畜采食更有效(Detling and Painter，1983)。Rhoades(1985)把"回避"机制随放牧强度增加而增强的现象叫诱导防御(inducible defences)。

在长期放牧草地中，具有直立叶冠层结构、数量众多的细小分蘖上叶片少而小的禾本科牧草能够持久地存在(Alexander and Thomson，1982)。当然也存在着牧草的可塑性(plasticity)(Briske and Richards，1995)。多年生牧草如白三叶、黑麦草属于克隆植物，即具有很强的无性繁殖或无性增殖的能力。多年生黑麦草密度试验表明，两种密度依赖调节会对分蘖群体的数量产生影响：一种是源株所经历的密度依赖的死亡和自疏，另一种是在存活源株中对分蘖无性增殖的密度依赖调节。每个分蘖的平均重增加，经过分蘖密度的趋同点后其增加过程伴随着自疏(Kays and Harper，1974)。此类牧草的种群最初由具有较少分蘖的源株组成，后来逐渐变成由具大量分蘖的相对较少的源株组成。

概而言之，放牧条件下植物适应对策的研究有很多，特别是群落和种群演替尺度和个体尺度的研究，但对草地群落长时间变化研究较少。

(四)种间竞争与共存的研究方法

李博(2001)总结了种间竞争的研究方法：

(1)添加系列实验(additive series experiment)。主要用于一个栽培种与一个侵入种(杂草)的研究。两物种中，其中一种的密度(常常是栽培种)在所有的处理中保持不变，而另一种的密度则系统地变化。

(2)取代系列实验(replacement series experiment)。两物种的总密度保持不变，而各自在群落中的相对比例在 0～1 之间变化。以 de Wit 模型为典型代表和基础。

(3)反应表面实验。在较大范围内重复取代实验，从而产生一个部分加法系列，反映两种间竞争关系的完整轨迹。

(4)邻域实验(neighbourhood experiment)。将目标植物的表现表达为邻株数量、生物量、叶面积、集群度、离目标植物的距离、角度分散或目标植物所占的有效面积等的函数。主要用于单个植物个体生物量或性能表现的研究。

(5)扰动实验(perturbation experiment)。其原理是向所研究的植物群落中有选择性地移去或者引入某一或者某些物种，使原来群落的平衡被打破。

前四种方法都要求有单种种群做比较，适于在温室或实验室进行，除了邻域实验可以用来研究多种竞争外(但当多于 3 种时会十分复杂)，其他实验方法一般只用来研究两种之间的竞争。而扰动实验方法则可用于研究多种竞争乃至群落水平的竞争，适合自然群落和田间试验研究(Law et al.，1987)，但应用此方法研究人工混播草地种间竞争鲜有报道。

总之，前人已对种间竞争进行了大量的研究，在竞争理论和研究方法上都取得了很大的进展。但还存在着以下问题：①以空间梯度代替时间梯度；②以短期数据建立模型来模拟和预测长期结果；③竞争共存模型没有放牧家畜的参与；④模拟的结果得不到长期田间(受控)试验(实验)的验证；⑤模型参数的推导在实际应用中很困难。所以，草地群落和种群长期竞争共存的机理还有待进一步研究，而且缺乏公认有效的研究方法。

四、多样性与群落稳定性

多样性与稳定性的关系多年来一直是生态科学的研究重点。多数研究结果认为，多样性高，生产力和稳定性高。物种多样性的丧失会损害生产力和稳定性等系统功能(Loreau，2000)。功能群数量增加，群落生产力增加，因为物种间存在部分不重叠的生态位而产生补偿效应(Wardle et al.，2000)。两个主要机理：一个是功能生态位互补，即物种间的补偿效应；另一个是选择效应，即特殊的物种特性(Loreau，2000)。但是，补偿效应是有限度的,如果干扰超过物种和功能群的补偿能力,系统只有重新再组织(Brown et al., 2005)。

一些研究则认为,在功能群水平上,群落组分对产量变异性起着决定性作用(Hooper and Vitousek,1997),物种多样性与生产力的正相关关系不明显。Wardle 等(2000)也得到相似的结果,即功能群的数量与群落的抵抗力无关,但功能群不同,群落的稳定性也不同。单个物种对生态系统水平的功能特征有重要的作用(Wedin and Tillman,1990)。草地去除试验表明,功能群的丧失没有引起时间稳定性的直接变化,稳定性是由优势种的性质决定的(Wardle,1999)。功能群水平上的多样性和组分对生态系统过程有着重要的影响,功能群多样性比物种多样性的作用更大(Tilman et al.,1997)。

除了物种多样性与群落功能关系的研究,近年来对遗传多样性与稳定持久性关系的研究开始引起大家的关注。在人工草地生产系统中,已经开始了对白三叶和多年生黑麦草的研究,工业革命后 N 肥的大量使用和商业品种的广泛推广,降低了白三叶的多样性(van Treuren et al.,2005)。

多年生黑麦草和白三叶是严格的异花授粉植物,在放牧利用条件下以营养生殖为主,以种子自繁为辅;一般认为在基因流方面有大面积的连续分布(van Treuren et al.,2005)。有关白三叶基因方面的研究还不多。在放牧利用条件下,白三叶以克隆生长为主,但在生长季节也产生很多种子进入土壤(Chapman and Anderson,1987)。每平方米 10.5cm 深的土层中就有高达 200 颗白三叶种子可形成实生苗(Charlton,1977),但在放牧利用条件下只有很少的种苗存活。随机扩增多态性 DNA(RAPD)标记结果证明,长期人工草地中的白三叶种群之间 DNA 差异显著,尽管 73.4%的变量归因于种群内的个体差异(Gustine Huff,1999)。白三叶通过克隆生长可维持多年,但遗传变异性很大;在小尺度内的遗传多样性是动态的,这有利于白三叶在放牧地中的持久保持(Gustine and Sanderson,2001)。而同工酶标记结果表明,多年生黑麦草种群之间差异不大,这可能是商业品种应用广泛,使得遗传多样性降低(Charmet et al.,1993)。

通过克隆生长和少量的实生苗,白三叶可维持几十年(Chapman,1983)。一个白三叶植株可产生很多的葡匐茎和分枝,从而形成一个由众多克隆构件组成的占据一定面积的体系。这样的克隆斑块面积可从几平方厘米到几平方米(Gustine and Huff,1999)。从理论上说,白三叶的任何一次克隆都具有产生一个基因型的潜力,在草地中形成新的克隆斑块(Cahn and Harper,1976)。白三叶葡匐茎这种形成克隆体的能力有利于占据草地植被中动态的空斑。

这些关于多样性-稳定性的研究,基本上着眼于某一时间点,而很少考虑时间梯度的变化和时间维度(Wardle et al.,2000),要么基于大量的物种多样性和功能群,要么涉及不同的生态带,很少在有动物采食的情况下进行(Loreau,2000)。短期试验难以确定和解释产量的变异是由时间波动还是由竞争造成的。一些暂时看似冗余的物种,在以后的环境条件波动变化中不一定是冗余的;研究地理尺度越大,环境异质性越大,多样性的作用和效应就更难解释(Loreau,2000)。

在多样性与稳定性的关系方面,亚热带草地放牧系统特别缺乏具体的牧草和家畜的资料数据,而不仅仅是大尺度的信息不足;研究尺度的增加,增加了植被资源及其利用资源方式的异质性(Hodgson and Dasilva，2000)。

五、遗传多样性的研究进展与方法

遗传多样性有广义和狭义之分，广义上是指所有生物遗传信息的总和，狭义上是指种群或种群内个体间全部遗传变异的总和。遗传多样性是生物多样性的重要组成部分，遗传结构的变化影响着生物体的长期生存和进化。在长期的进化过程中，物种受环境变化的影响会朝着有利方向进化，进而适应新的环境(Ellstrand and Elam，1993)。遗传多样性是一个物种保持稳定的前提，也是物种在长期进化过程中的必然结果。物种的遗传多样性越高或者说遗传变异越丰富，说明该物种越能够适应环境变化，有利于物种的扩散(沈浩等，2001)。

遗传标记(genetic mark)是检测植物遗传多样性的重要手段，可通过形态特征、染色体带型、蛋白质标记或 DNA 分子标记来验证植物的遗传多样性(贾继增，1996)。随着科学技术的发展，遗传标记的种类和数量不断增加，方法也越来越成熟。遗传多样性的研究方法种类繁多，主要从形态学水平、细胞水平、生化水平和分子水平检测。从这四个水平上对牧草开展系统的研究，可以在提高其抗性、产量和稳定性等方面奠定理论基础。

(一)形态学水平研究

形态学标记是以形态特征为基础，对生物的性状等特征进行标记，如株高、穗重、叶形、花色、花序数量、茎长、种子的形态等(陈虹均，2017)。植物的某些不可见性状，如抗逆性和抗病性等可借助简单测试来识别，这也属于形态学标记范畴。以表型特征来估测遗传变异是最简单和最直观的方法，被应用于早期生物学研究中，孟德尔的豌豆杂交试验就是通过形状、颜色等差异进行区分。形态学标记作为最古老的技术手段，目前仍广泛应用于多种领域，例如根据玉米高度等农艺性状进行聚类，做亲缘关系评价(柴华，2017)。不同生长时期的紫羊茅(*Festuca rubra*)的株高、须根数以及分蘖数均有所不同(王树彦等，2014)。有学者对来自不同地域的贵州白三叶材料做形态学分析，发现白三叶具有丰富的形态多样性，且不同地域间各品种形态差异较大，这可能是受贵州省境内海拔、气候条件和石漠化环境等因素影响，在长期的自然选择以及人工干预下，白三叶为适应当地生境而形成了其特有的形态特征(吴永洁等，2016)。从生物进化的角度看，由于生境条件的变化，植物的形态特征受本身的遗传组成和生存环境的影响，也会发生相应的变化(王玉祥和张博，2012)。

形态学标记有以下优点：所需的仪器简单，野外借助相机等辅助工具，对研究对象进行调查、搜集、鉴定；室内一般通过显微镜即可观察，操作简便，不需要太多的资金投入，分析方法严密，通过观察即可对研究对象的遗传变异情况有基本了解。但由于受植株成熟时间的影响，观察周期较长；植物的形态学标记数量少，大多是数量性状，多态性变化明显；基因的表达易受环境、发育期和显隐性等方面的影响，限制形态学标记的应用(赵爽，2015)。

(二)细胞水平研究

染色体是生物遗传物质的载体,生物形态上的变异并不意味着遗传上的变异,而染色体变异必然导致遗传变异的发生。细胞学标记主要针对生物细胞染色体核型和带型的变异,对染色体的形态、数目、长度、带型和着丝粒位置等内容进行分析,如染色体数目和结构变异等(谭培,2017)。染色体标记重点应用于医疗领域,涉及植物、动物和微生物等。从系统进化的角度,可对染色体数目以及核型进行分析,推测植物的原始类群(赵侯明等,2007)。郭景文(1997)以染色体数目区分羊茅属植物,发现不同的品种间染色体数目存在一定的差异。任尚佳等(2014)对 2 种三叶草 F_1 后代进行鉴定,经核型分析确定收获的种子是由 F1 代与亲本自然回交获得。

细胞学标记可用于重要基因的染色体或染色体区域定位,但花费时间长,所需人力多,操作难度大(胡晓宁,2008),某些植物对染色体变异反应敏感,有些变异难以用细胞学方法进行检测。由于染色体标记的数目有限,也在很大程度上限制了此方法的使用。

(三)生化水平研究

生化标记是以基因表达的直接产物进行标记。如蛋白质标记、同工酶标记可用于区分物种,并作为植物物种鉴定和系统研究的生化标记(Bharathi et al.,2017)。目前,同工酶标记在遗传多样性研究中得到了广泛的应用,在数据处理、采样方法以及处理方法等方面形成了一套统一的标准。

FT-NIR 法(傅立叶变换近红外法)作为一种白三叶粗蛋白快速分析的技术,可在白三叶蛋白质品质育种中,用于筛选优质的种质资源(张贤等,2009)。过氧化氢酶在很久之前被应用于羊茅属的品种鉴定(郭景文,1997)。随着科技的发展,生化水平方法日新月异,目前多被应用于抗逆性的指标测定,通过对植物的酶含量测定,可确定植物对胁迫的反应(王晓龙等,2017)。等位酶分析不仅可以揭示种群内和种群间遗传多样性的情况,还可以用来研究物种的形成和灭绝机制(任晓月和陈彦云,2010)。El-Esawi 等(2017)使用同工酶来研究莴苣(*Lactuca sativa*)种质的遗传变异性,同工酶系统揭示了总共 31 个等位基因的 16 个推定基因座,在这 16 个位点中,有 11 个是多态的。同工酶数据支持多元起源的假设,遗传变异证明了同工酶对于莴苣种质的多态性分析是有效的。Kaljund 等(2017)使用等位酶标记测定白三叶遗传多样性,揭示了种群内有高水平的基因型多样性,多位点基因型空间结构分布上存在一定的规律。应用同工酶和基因的转录变化分析,为品种抗逆性的选育提供参考,结合生境也可了解种群对环境适应的遗传学基础(黄真池等,2017)。

生化标记有以下优点:近中性标记,对植物的性状以及生理等影响较小,直接反映基因产物的差异,受环境影响较小。目前可被选择的同工酶种类和数量少,且多态性差,对定量分析的精度要求较高,操作上有一定的难度,在应用上受到一定限制,不是理想的遗传标记(Jarrell et al.,1992)。

(四)分子水平研究

分子标记是以生物大分子的多态性为基础的一种遗传标记。广义的分子标记是指可遗传并且可检测的DNA序列或蛋白质;狭义的分子标记指DNA标记。DNA分子标记是指生物基因组DNA在一定的体系下,在固定的PCR(聚合酶链反应)程序下扩增,通过电泳检测到的反映基因组某种变异特征的特异性DNA片段。理想的分子标记必须达到以下几个要求(黎裕等,1999):具有高的多态性;共显性遗传,可鉴别二倍体中杂合和纯合基因型;能明确辨别等位基因;遍布整个基因组;选择中性,无基因多效性;检测手段简单、快速;开发成本和使用成本尽量低廉;在实验室内和实验空间重复性好。

分子标记相比另外几种标记方法,具有更高的多态性,研究物种的遗传多样性更为深入。Samah等(2016)以SSR(简单序列重复)标记墨西哥仙人掌,将所有基因型分类为复杂网络,并揭示墨西哥仙人掌基因型之间的线性和网状关系。Chenglin等(2017)使用6个扩增片段长度多态性(AFLP)引物分析中国新疆高山物种羊茅的遗传多样性和结构,发现种群遗传多样性相对于温度、海拔和降水等环境因素具有显著性。DNA分子标记被广泛应用于植物育种、杂交与纯种鉴定、遗传多样性分析、品种间亲缘关系的分析等研究领域(刘浩强等,2014)。分子标记为植物物种连锁图的构建和基因定位提供了便利,从而使作物遗传育种研究取得了重大进展,并对分子标记育种产生了巨大的推动作用(权彪,2018)。

第二章 喀斯特天然草地稳定性

第一节 喀斯特天然草地类型特点与成因

一、天然草地类型

西南喀斯特草地类型主要有热性草丛类、热性灌草丛类、暖性草丛类、暖性灌草丛类、干热稀树灌草丛类、低地草甸类、山地草甸类、高寒草甸类、沼泽类和零星草地。其中，以热性草丛类和热性灌草丛类面积最大，分别占草地面积的21.5%和24.4%，其次为暖性草丛类和暖性灌草丛类，分别占草地面积的 4.5%和 13.6%。由于草地破碎，零星草地面积大，占草地面积的30.3%(中华人民共和国农业部，1996)。

贵州的草地生态系统多为森林植被遭反复破坏后所形成的一种次生生态系统。按照20 世纪 80 年代第一次全国草地资源调查草地分类标准(苏大学和黄焕深，1987)，贵州草地共划分为山地丘陵草丛类、山地丘陵灌草丛类、山地丘陵疏林类、山地草甸类、低地草甸类、沼泽类，共六大类，56 个型。按照 2016 年《草地分类》标准，贵州天然草地合并为暖性灌草丛、热性灌草丛、山地草甸、低地草甸四大类，32 个型。贵州天然草地是放牧家畜和野生动物的重要生境，是喀斯特重要的天然植被。

二、天然草地特点

(一)喀斯特天然草地资源特点

一是水热条件好，气候类型丰富。西南喀斯特草地大约 82%的区域属于热带和亚热带湿润气候，18%的区域属于高原温带湿润气候。年降水量 1100～1300mm，年均气温 10～15℃，无霜期 180～250 天。雨量充沛，气候温和，雨热同期，适合大多数优良牧草生长。牧草生长期长，饲草供应全年较均衡，一般可全年放牧利用。基本上无雪灾、旱灾、风灾等自然灾害，抵抗自然灾荒的能力较强，发展草地畜牧业风险小。

二是明显的喀斯特地貌特征。喀斯特地区降雨量虽然丰富，但是基岩漏水，形成地表和地下双层水系，植被生长环境相对干旱，以中生牧草为主。土壤以酸性红壤和黄壤为主，石灰土面积大，富含钙质。

三是以次生植被为主，稳定性差。占主导地位的草丛、灌草丛多是森林植被破坏后的次生植被，是人类干扰的结果。只要停止扰动，大部分灌草丛经历足够的时间后会正向演替为森林。

四是易于改良和利用。多年试验证明，草山草坡建立优质高产人工草地十分成功。已建立的禾本科与豆科牧草混播草地，可与新西兰、澳大利亚等国的优质人工草地相媲美。天然草地连片地区传统畜牧业历史悠久，在山区经济中占有极重要的地位，农牧民有较丰富的养畜经验。

(二) 贵州天然草地特点

牧草分布地带性丰富。由于气候温和，雨量充沛，无霜期长，自然条件复杂，草地植被具有明显的过渡性，热带、亚热带、暖温带牧草均有分布。南部有适宜热带区系成分的植物生长发育的良好环境，类芦 (*Neyraudia reynaudiana*)、斑茅 (*Saccharum arundinaceum*)、鸭嘴草 (*Ischaemum aristatum*) 等喜热的禾草在这一带分布普遍。黔西北高原适于温带区系成分的植物生长，羊茅 (*Festuca ovina* L.)、白三叶、紫雀花 (*Parochetus communis*) 等在这一带分布也很普遍。中部和北部的广大地区主要分布着金茅 (*Eulalia speciosa*)、黄背茅 (*Themeda japonica*)、野古草 (*Arundinella anomala*)、野青茅 (*Deyeuxia arundinacea*)、白茅 (*Imperata cylindrica*)、百脉根 (*Lotus corniculatus*)、天蓝苜蓿 (*Medicago lupulina*) 等亚热带区系成分的植物。

牧草物种多样性丰富，共有可饲用种子植物 203 科 1200 属，5000 多种，其中优良牧草有 260 余种，种质资源数居全国第二位，为牧草育种和草地改良提供了丰富的种质资源。以禾本科植物为例，全国有野生禾本科草本植物 180 属 766 种，在贵州天然草地上就有 101 属 319 种，属和种分别占全国的 56% 和 41.6%，这在南方各省区中是比较突出的。世界一些著名的优良栽培牧草品种，在贵州都能找到野生种或逸生种，如鸭茅、狗牙根、白三叶、百脉根等。这些优良品种是改良草地、建立人工草地的物资基础，也是进行牧草育种的丰富种质资源。

草地生产力较强。由于水热条件好，对牧草生长十分有利，牧草产量高，一年可多次利用。据调查，一般草地每年可刈割三次。位于南部的南亚热带地区，牧草可常年青绿，再生产草量超过 200%，每亩[①]地鲜草超过 1500kg。

地块比较破碎零散。草地一调表明，贵州 20hm² 以上的成片草地只占全省草地面积的 47.55%，为 205 万 hm²，低于零星草地(草地面积在 20hm² 以下的小块草地及农林、交通隙地的有草地面)的总面积。

此外，贵州天然草地土壤较瘠薄，土壤中缺磷，部分地区缺钾，土壤呈酸性，pH 一般在 5 左右；由于地形起伏，垂直落差与层面变化大，交通不便，成为草山草坡开发中的限制因素。

三、贵州天然草地成因

(一) 地形与海拔

贵州处于云贵高原东侧的阶梯状大斜坡地带，属于高起于四川盆地和广西丘陵之间

[①] 1 亩≈667m²

的侵蚀残留高原。全境平均海拔 1107m，海拔超过 1000m 的地区面积占全省总面积的 56%，具有低纬度、高海拔的特点。贵州地势西高东低，中部隆起，分别向南北两面倾斜。由西向东呈三级阶梯分布：第一级阶梯平均海拔 1500m 以上，第二级阶梯海拔 800~1500m，第三级阶梯平均海拔 800m 以下。

贵州地貌特点：一是山地特性显著，山地面积占全省面积的 87.2%，以山地为主，有丘陵、峡谷与盆地错综点缀的高原山区。草地相对位置处于高层次或边隙地段，成片草地大部分是在坡顶、山脊或峰林的中上部，远高于农地。二是喀斯特地貌分布广泛。全省 70%以上的地区为石灰岩、白云岩，草地破碎，多喀斯特山地灌木草地。三是层状地貌明显。四是第四纪沉积不发育，土层薄，特别是天然草地土层更薄。五是地面坡度大，全省坡度 25°以下的地面占全省总面积 36%，25°~35°的占 35%，35°以上的占 29%（贵州省农业厅，1980）。

(二) 土壤

贵州土壤类型繁多，水平分布与垂直分布交错，有"十步不同土"的特点。土壤基质和 pH 影响牧草的分布与选择。

面积最大的是黄壤，全省有 681 万 hm^2，主要分布在黔中海拔 700~1400m 和黔西北海拔 1200~1800m 的广大山区，pH 4.5~5.5，土壤结构较致密，有机质含量较高，一般在 5%左右。黄壤主要发育着中生的中禾草草丛植被，草地优势植物有芒(*Miscanthus sinensis*)(表潜黄壤)、黄背茅(薄层的黄壤性土)、白健秆(*Eulalia pallens*)(硅质黄壤)、金茅、白茅、野古草(铁质黄壤)。全省成片草地的 70%分布于黄壤。

面积第二的是石灰土，全省有 433 万 hm^2，凡有石灰岩出露之处都有石灰土。pH 7.0~7.5，土壤结构较好，多为团粒结构，有机质含量较高，一般在 4%以上。草地优势种主要是旱茅(*Eremopogon delavayi*)、青香茅(*Cymbopogon spreng*)等喜钙的中禾草。

另外，贵州有黄棕壤 10.3 万 hm^2，主要分布在海拔 1800~2200m 的黔西高原山区，pH 4.0~5.5，分布有多年生中禾草组成的草地植被，代表植物有知风草(*Eragrostis ferruginea*)、金茅、喜马拉雅野古草、鼠尾栗(*Sporobolus fertilis*)；山地灌丛草甸土 8.7 万 hm^2，主要分布在黔北海拔 2200m 以上的高原中山丘陵山脊，pH 4.5，优势种有喜马拉雅野古草、羊茅、知风草；紫色土 78.3 万 hm^2，主要分布在黔北赤水、习水一带，pH 6.5，优势草种主要为芒、白茅、白羊草；红壤 190 万 hm^2，主要分布在黔东海拔 600~700m 及以下，黔南海拔 450~900m 的地区，pH5.5~6.5，优势种为类芦、斑茅、刚莠竹(*Microstegium ciliatum*)、芒、棕叶芦(*Thysanolaena maxima*)等高禾草。

贵州唯一一类 pH 大于 6.5 的土壤是石灰土，这是贵州最适宜紫花苜蓿种植的土壤，其余类型土壤 pH 都低于 6.5。经过施肥、改良等农业措施，酸性土壤 pH 可改善。全省几乎没有强碱性土壤，也就没有分布碱茅等耐碱喜碱的植物。

(三) 气候

贵州年均气温 14℃以上，大于 10℃的年积温 4500℃以上。阴天多，达 200~240 天。冬季最冷为 1 月，平均气温 3~6℃，夏季最热为 7 月，平均气温 22~26℃。热量资源的垂直变化幅度，远远大于纬度变化造成的变化幅度。贵州云量大，年日照时数仅为1200～1600小时（威宁县最高为1805小时），是日照时数和太阳辐射分布的低值区，对植物籽实生长不利，但利于以营养体生长为主的牧草生长。

贵州年降水量为1100～1300mm，年相对变率为10%～15%，是全国降水量最稳定的地区之一。降水量主要受季风气候和地形抬升的影响，夏季降水量最多，占年降水量的47%，春、秋两季分别占26%和22%，冬季仅占5%。贵州草地生产力比较稳定，不会大起大落。

贵州的山地特色，热、光的再分配引起局部气候差异明显，这种低纬度、高海拔、地形复杂、气候多样的特点，造就了"一山有四季，十里不同天"的生境立体性。贵州草地物种多样性居全国第二。

根据热量带和降水状况类型的地域组合，全省划分为12种气候类型：河谷暖亚热带夏湿冬干气候、河谷亚热带湿润气候、河谷亚热带夏湿冬干气候、山原亚热带湿润气候、山原亚热带夏湿冬干气候、高原凉亚热带湿润气候、山地凉亚热带湿润气候、山地凉亚热带夏湿冬干气候、山地暖温带湿润气候、山地暖温带夏湿冬干气候、山地温带湿润气候、山地温带夏湿冬干气候。

贵州气候特点总体是：冬暖夏凉，雨水丰沛，雨热同季，多阴雨，少日照，非常适合牧草生产，但是暖季型牧草如杂交狼尾草不易制种。

四、天然草地群落稳定性分析

（一）气候地理条件利于牧草生长

喀斯特地区多属于亚热带气候，但是连片草地多位于高海拔地区，雨量充沛但阴雨天多，气候温和但光照不足，不利于植物籽实的生长发育，水稻、玉米等收获籽实的粮食作物产量相对低。而这种气候却非常适合植物营养体的生长，草地生产力高。贵州天然草地亩产鲜草650kg以上，改良草地亩产鲜草1500kg，2018年草原综合植被盖度达86.5%。这些指标远高于全国平均水平。

（二）植被演替分析

西南喀斯特地区植被的气候顶级类型多为森林，这意味着只要给予足够的时间跨度，这些地区的灌草丛类草地最终会演替为森林，从这点来说，灌草丛类草地植被是不稳定的。比如贵州的草地是森林遭受破坏后的次生植被，从草地类型的结构看，草丛草地面积占43.9%，灌丛草地和疏林草地合计占53.05%（苏大学和黄焕深，1987）。但人口压力造成的强度干扰再加上喀斯特土壤瘠薄，森林植被恢复非常漫长，处于亚顶级的草丛、灌草丛，通过改良和适度放牧等中度干扰可长期维持。因此，以年代作为时间单元，喀斯特灌草丛类草地又是相对稳定的，或者说其稳定持久性是有条件的。

（三）比较稳定的天然草地类型分析

喀斯特地区的山地草甸类、高寒草地类等类型草地，其气候顶级植被类型为草地植被，只要不发生连续的气候变暖和持续的严重过牧，其植被类型不会发生变化，是比较稳定的草地类型。

贵州西北部海拔 2200m 以上的高原面和中部、东部海拔 1700m 以上的中山顶部，年均温小于 10℃，原始森林遭到破坏后，发育形成山地草甸，草甸群落相对稳定，成为次生的偏途顶极群落（参见彩图 2-1）。山高坡陡的地方土壤瘠薄，森林被破坏后，就形成较稳定的灌草丛植被。地下水位较高，终年积水或季节性积水，一般乔木和灌丛难以生长，因此，在这些地方形成低湿地草甸或沼泽草地，如威宁草海。很多地方如关岭县少数民族有放火烧山的老习惯，放火烧山不仅烧死了草地中的幼树幼灌，烧掉了土壤表层的枯枝落叶和腐殖质，而且越烧土壤越干燥，使森林恢复不起来，形成以草本植物为主的较稳定的草丛植被（参见彩图 2-2）。

第二节 天然草地生态服务功能——以贵州为例

草地生态系统是我国陆地上面积最大的生态系统，也是西南喀斯特地区最重要的生态系统之一，不仅生产大量的产品，更重要的是提供了强大的生态服务功能，对发展草食畜牧业、保护生物多样性、保持水土和维护生态平衡有着重大的作用和价值（姜立鹏等，2007）。生态系统服务价值化是确定生态补偿标准的基础和依据（王振波等，2009）。生态系统服务功能是指生态系统与生态过程所形成及所维持的人类赖以生存的自然环境条件与效用。生态系统为人类提供了食品、医药及其他生产生活原料，维持地球生命得以生存的生命支持系统，维持生命物质的生物地化循环与水文循环，维持生物物种与遗传多样性，净化环境，维持大气化学的平衡与稳定，是人类生存与现代文明的基础。国际上对生态系统的研究已经较为深入，如著名生态学者 Costanza 等（1997）对生态系统服务功能价值进行了深入研究。国内对生态系统生态服务功能研究最早的是生态学家侯元兆等，主要研究森林生态系统资产的核算；谢高地等（2003）通过生态系统服务价值当量表对中国天然草地和青藏高原地区草地生态系统服务价值进行了计算。

贵州省是我国喀斯特面积最大的省，也是石漠化问题最为严重的地区，天然草地是贵州重要的自然生态系统。评估天然草地生态系统价值对合理开发利用和保护贵州天然草地，解决贵州的最大生态难题——石漠化，具有重要意义。池永宽等（2013）参照谢高地等提出的生态价值评估方法和中国陆地生态系统生态服务价值当量因子表并结合贵州连片天然草地（≥20hm^2）调查资料，对全省天然草地生态系统生态服务功能价值进行了评估。

一、贵州省天然草地生态服务功能基准单价与订正

(一) 贵州省天然草地生态服务功能基准单价

根据 2010 年贵州省主要粮食作物稻谷、小麦、玉米、大豆和马铃薯的播种面积、单产、产量和全国平均价格，以此估算出贵州省单位面积农作物平均每年粮食产量的市场价格，并按权重因子转换成草地生态系统服务功能基准单价（表 2-1）。

表 2-1　贵州省天然草地生态服务功能基准单价

生态服务功能	基准单价/(美元·hm^{-2})
气体调节	248.91
气候调节	280.03
水源涵养	248.91
土壤形成与保护	606.72
废物处理	407.59
生物多样性维持	339.14
食物生产	93.34
原材料	15.56
娱乐文化	12.45

(二)草地生态系统服务价值单价订正

同自然生态系统一样，草地生态系统含有多种与其生态服务功能相应的价值，对草地生态系统服务功能价值进行评价可以增强全社会对保护自然生态系统的认识，是运用经济手段保护生态系统的需要，也是建立综合的经济与资源环境核算体系的需要，以协调经济发展与自然资源持续利用和环境保护。生态系统的服务功能大小与该生态系统的生物量有重要联系(王振波等，2009)，因此可以假设草地生态系统的服务功能与草地的地上生物量呈线性关系。利用公式 $P_{ij}=(b_j/B)\times P_i$ 来修订生态系统服务功能的单价(辛玉春等，2012)，式中 P_{ij} 为订正后单位面积生态服务价值；i=1，2，3，4，5，6，7，8，9，分别代表气体调节、气候调节、水源涵养等 9 个生态服务功能；j=1，2，3，4，为贵州省 4 个草地类型；P_i 为不同生态系统服务价值基准单价；b_j 为 j 类草地生态系统的地上生物量；B 为全省草地单位面积平均生物量。贵州省天然草地订正后单位面积的生态服务功能价值见表 2-2。

表 2-2　贵州省天然草地订正后单位面积生态服务功能价值　　　(单位：美元·hm^{-2})

生态服务功能	山地丘陵草丛类	山地丘陵灌木草丛类	山地丘陵疏林类	山地草甸类
气体调节	262.35	287.59	295.01	150.59
气候调节	295.15	323.55	331.89	169.42
水源涵养	262.35	287.59	295.01	178.48
土壤形成与保护	639.48	701.00	719.08	367.07
废物处理	429.60	407.93	483.08	292.26
生物多样性维持	357.45	391.84	401.95	205.18
食物生产	98.38	107.85	110.63	56.47
原材料	16.40	17.98	18.44	9.41
娱乐文化	13.12	14.38	14.76	7.53
合计	2374.28	2539.71	2669.85	1436.41

二、贵州天然草地生态系统服务总价值估算

根据表2-3中各生态因子单位面积生态服务价值单价,对贵州全省天然草地四大类的生态服务价值进行估价。贵州省天然草地生态服务功能总价值为50 061万美元·a^{-1}。

表2-3　贵州天然草地生态服务功能总价值估算　　　　　　　　（单位：万美元·a^{-1})

生态服务功能	山地丘陵草丛类	山地丘陵灌木草丛类	山地丘陵疏林类	山地草甸类	合计
气体调节	2347	2329	829	79	5584
气候调节	2640	2620	932	89	6281
水源涵养	2347	2329	829	94	5599
土壤形成与保护	5720	5677	2020	193	13610
废物处理	3843	3304	1357	154	8658
生物多样性维持	3197	3173	1129	108	7607
食物生产	880	873	311	30	2094
原材料	147	146	52	5	350
娱乐文化	117	116	41	4	278
合计	21 238	20 567	7500	756	50 061

(一) 贵州省不同草地类型的生态服务功能估价及比重

从表2-3可以看出,在贵州省天然草地类型中,生物量和草地类型面积大相径庭,导致不同草地类型间的生态服务功能也有很大差异。山地丘陵草丛类面积在4种草地类型中面积所占比重最高,生物量仅次于山地丘陵灌木草丛类,其生态服务功能价值占总量的42.43%,为21 238万美元·a^{-1};生态服务功能居第2位的是山地丘陵灌木草丛类,是贵州省天然草地地上生物量大的草地类型,其生态服务功能价值占总量的41.08%,为20 567万美元·a^{-1};生态服务功能居第3位的是山地丘陵疏林类,其生态服务功能价值占总量的14.98%,为7500万美元·a^{-1};生态服务功能居第4位的是山地草甸类,其生态服务功能价值占总量的1.51%,为756万美元·a^{-1}。

(二) 贵州省天然草地生态服务功能因子价值及比重

贵州省天然草地生态服务功能分布如表2-4所示。在气体调节、气候调节、水源涵养、土壤形成与保护、废物处理、生物多样性维持、食物生产、原材料、娱乐文化等9个生态服务功能因子中,生态服务功能价值居首位的是土壤形成与保护,达13 610万美元·a^{-1},占总生态服务功能价值的27.18%;第2位为废物处理,达8658万美元·a^{-1},占总生态服务功能价值的17.30%;第3位为生物多样性维持,达7607万美元·a^{-1},占总生态服务功能价值的15.21%;第4位为气候调节,达6281万美元·a^{-1},占总生态服务功能价值的12.54%;第5位为水源涵养,达5599万美元·a^{-1},占总生态服务功能价值的11.19%;第6位为气体调节,达5584万美元·a^{-1},占总生态服务功能价值的11.16%;第7位为食物

生产，达 2094 万美元·a^{-1}，占总生态服务功能价值的 4.18%；第 8 位为原材料，达 350 万美元·a^{-1}，占总生态服务功能价值的 0.69%；第 9 位为娱乐文化，达 278 万美元·a^{-1}，占总生态服务功能价值的 0.55%。

表 2-4 贵州省天然草地生态服务功能分布(%)

生态服务功能	山地丘陵草丛类	山地丘陵灌木草丛类	山地丘陵疏林类	山地草甸类	合计
气体调节	4.69	4.65	1.66	0.16	11.16
气候调节	5.27	5.23	1.86	0.18	12.54
水源涵养	4.69	4.65	1.66	0.19	11.19
土壤形成与保护	11.43	11.32	4.04	0.39	27.18
废物处理	7.68	6.60	2.71	0.31	17.30
生物多样性维持	6.39	6.34	2.26	0.22	15.21
食物生产	1.76	1.74	0.62	0.06	4.18
原材料	0.29	0.29	0.10	0.01	0.69
娱乐文化	0.23	0.23	0.08	0.01	0.55
合计	42.43	41.05	14.99	1.53	100.00

三、贵州省天然草地主要功能评价

贵州省天然草地的主要功能是：土壤形成与保护、废物处理等自然生态功能，占总生态服务价值的 94.58%；食物生产、原材料等生态系统的经济服务功能，占总生态服务价值的 5.42%。生态系统的自然生态功能与经济服务功能比值高达 17.45，表明贵州天然草地自然生态功能为主要生态系统服务功能。贵州是我国南方喀斯特的中心，特殊的地质地貌与气候背景使得喀斯特土壤特别容易流失，天然草地在水土保持防止石漠化方面起着重要作用。土壤形成与保护因子，每年生态服务功能价值达 13 610 万美元·a^{-1}，占总生态服务功能价值的 27.18%，草地生态系统的土壤形成与保护因子在草地生态系统的服务价值中有着特别重要的地位，而且它还是其他服务功能的基础，其他功能都是在土壤形成与保护的基础上才能正常进行。山地丘陵草丛类和山地丘陵灌木草丛类的面积占到贵州天然草地面积的 83.63%，占总生态价值的 83.51%，生态系统服务功能经济价值达 41 805 万美元·a^{-1}，组成了贵州省天然草地主体部分。

第三节 喀斯特天然草地植被动态变化

贵州省是西南喀斯特中心，安顺市关岭县地处滇桂黔石漠化集中连片特困地区核心区，境内喀斯特地貌类型丰富，具有典型性和代表性。最高海拔 1850m，最低海拔 370m，山高坡陡、河谷深切，地貌高低起伏大，类型复杂多样，碳酸盐岩分布广泛，石漠化面积 1230.71 平方公里，占全县国土面积的 84%，"山多、石多、贫困人口多，土少、植被少、农民收入少"是关岭县贫困和生态环境脆弱的真实写照。关岭县年均气温在13.7~18.6℃，极端最低温-3.3~9.1℃，极端最高温32~38.7℃，≥10℃的活动积温3420.2~6436.1℃；空气相对湿度80%左右；年总辐射342.9~388.9 kJ·cm^{-2}，年日照时数1090.8~1436.8 h，无霜期267~354 d；年降水量1205.1~1656.8 mm，75%的降水量主要集中在5~9月，暴雨洪水多发生在5~8月，每年11月至次年3月为枯水期。土壤类型主要为黄壤和石灰土。区内珠江支系北盘江流域穿过，由于特殊的水文地质条件，地形复杂破碎，岩溶发育强烈，河谷深切，石漠化现象严重，生态环境十分脆弱，土壤保水能力差，降水时空分布不均，被誉为"湿润气候下的干旱缺水区"(王腊春等，2006)。全县现有草地资源47.9万亩，其中天然草地38.6万亩，人工草地9.3万亩。草地类型为热性草丛，其建群种为青香茅、黄茅(Heteropogon contortus)，主要伴生种为橘草(Cymbopogon goeringii)、黄背草(Themeda triandra)、拟金茅(Eulaliopsis binata)、矛叶荩草(Arthraxon lanceolatus)、野古草、白茅和地瓜藤(Ficus tikoua)等。还有少量野生豆科牧草山蚂蝗(Desmodium racemosum)、白刺花(Sophora viciifolia)和有毒有害植物紫茎泽兰(Eupatorium adenophorum)等。

雷会义等(2014)于2006~2012年在该县连续开展西南喀斯特地区天然草地植被组成、覆盖度、草群高度、物种数、产草量等监测研究，其间2010年冬季天然草地植被发生过火灾，2010年和2011年早春出现严重干旱。结果表明，7年间研究区草地植被产量(Y)与盖度(X_1)、高度(X_2)呈正相关($r=0.8978$)，其逐步回归方程为：$Y=7.75X_1+9.37X_2+110.76$；草地植被波动率总体呈"波浪式"变化，研究区天然草地等级评定为"中质中产"草地，利用状况为合理利用，草地植被基况良好。

一、草地植被变化

通过7年试验观测，研究区生态环境脆弱，受人类活动干扰，草地植被特征值波动较大。该区喀斯特典型并发育完全、石漠化程度较深，岩石裸露面积均值达26.14%，2008年植被总覆盖度最高，为78%，2011年最低，岩石裸露面积比例达到35%。从随机样方监测的结果来看，2008年和2012年草地植被盖度均为最高71.33%，2011年最低，为44.67%；2006年草地植被高度最高，为49.13cm，2011年最低，为18.18cm；物种数在9~12种之间波动，2006年和2011年为最少，仅有9种，但主要优势种无变化；总产草量和可食产草量皆为2012年最高，其值分别为126.47g·m^{-2}和109.68g·m^{-2}，2011年最低，其值分别为68.96g·m^{-2}和58.12g·m^{-2}；草地植被可食比例2006年最高，为93.99%，2009年最低，为75.33%，草地植被可食比例的高低与样方选择的随机性有关(表2-5)。综上所述，研究区草地植被优势种为青香茅、黄茅，均属于中等牧草，即为Ⅲ等草原，可食牧草产量草原级为5、6级，综合评定为"中质中产"草地。草地植被基况根据郑淑华等(2005)"草原基况及其评价方法"中的Dyksterhuis定量顶极法评价为"良好"。

总体看来，2011年，火灾对样地内植物的各项指标影响较大，其各项监测指标均为最低值。经多元逐步回归分析，草地植被产量(Y)与盖度(X_1)、高度(X_2)呈正相关($r=0.8978$)，其逐步回归方程为：$Y=7.75X_1+9.37X_2+110.76$。植被覆盖度越大，草群高度越高，产量就越高，反之亦然。

表 2-5　天然草地 2006～2012 年调查植被特征值

年份	样地植被总覆盖度/%	降水量/mm	样方测定指标					
			盖度/%	高度/cm	物种数/(种·m^{-2})	总产草量/(g·m^{-2})	可食产草量/(g·m^{-2})	可食比例/%
2006	77	1236.3	68.33±1.45a	49.13±0.46a	9.33±0.33b	106.67±1.20b	100.26±0.38b	93.99±0.58a
2007	74	1319.8	55.67±0.31b	46.60±0.57b	9.67±0.33b	93.72±0.64c	80.94±0.63c	86.33±0.33b
2008	78	1620.9	71.33±0.63a	29.00±0.45c	11.67±0.33a	88.47±0.48d	77.88±0.68d	88.00±1.00b
2009	74	1421.4	62.00±1.10a	23.20±0.53d	10.00±0.00b	77.98±0.60e	58.74±0.90e	75.33±2.73c
2010	73	1438.0	65.67±0.64a	49.00±0.37a	9.67±0.33b	107.64±0.86b	100.82±0.74b	93.67±0.88a
2011	65	1234.5	44.67±0.32c	18.18±0.21e	9.33±0.33b	68.96±0.40f	58.12±0.88e	84.33±0.88b
2012	76	1208.8	71.33±0.85a	45.88±0.21b	11.33±033a	126.47±0.29a	109.68±1.27a	86.67±0.89b

注：同列中不同字母表示差异显著($P<0.05$)

二、草地植被波动率变化

植被波动率指植被与正常年份相比的偏离程度，也即波动程度或波动强度，一定程度上反映了该年度植被生长状况。以植被波动率"0"为临界点，将草地植被波动率划分为正向波动和负向波动，波动率大于 0 为正向波动，表明植被生长较好；波动率小于 0 则为负向波动，表明植被生长状况较差。正向波动率值越大，则植被状况越好，负向波动率的绝对值越大，则植被生长状况越差。

由图 2-1 可知，研究区 2006～2012 年草地植被波动率分别为 0.12，-0.02，-0.01，-0.14，0.12，-0.38 和 0.24，正向波动以 2012 年最大，负向波动以 2011 年最大，总体呈"波浪式"变化。2006 年、2010 年和 2012 年 3 年植被生长状况好于正常年份；2007 年、2008 年、2009 年和 2011 年 4 年植被生长状况差于正常年份。

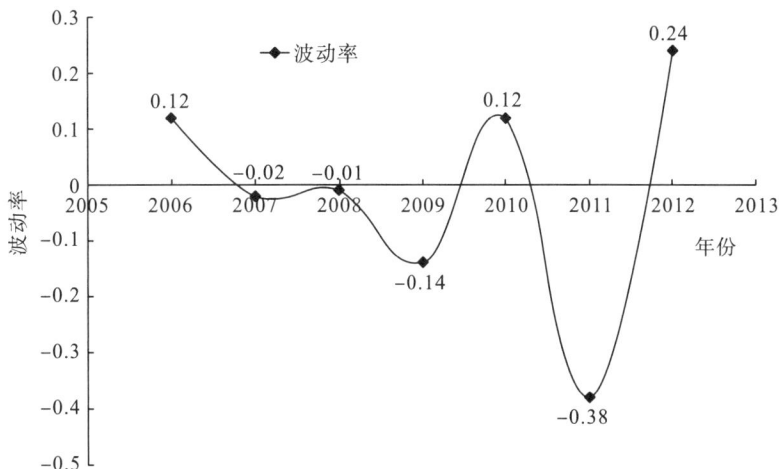

图 2-1　2006～2012 年草地植被波动率

三、产草量变化动态

从图2-2可以看出,草地植被总产草量和可食产草量相对变化率走向趋势基本一致,仅有2008年比2007年总产草量相对变化率大于可食产草量相对变化率,其余年份年际可食产草量相对变化率大于总产草量相对变化率。相邻年度间草地植被产量相对变化率R值,降幅大小依次为:①总产草量,2012年比2011年(83.40%,明显增产)>2010年比2009年(38.04%,增产)>2011年比2010年(-35.94%,减产)>2007年比2006年(-12.14%,减产)>2009年比2008年(-11.87%,减产)>2008年比2007年(-5.59%,减产);②可食产草量,2012年比2011年(88.60%,明显增产)>2010年比2009年(71.65%,明显增产)>2011年比2010年(-42.32%,减产)>2009年比2008年(-24.57%,减产)>2007年比2006年(-19.26%,减产)>2008年比2007年(-3.79%,持平)。2012年比2011年总产草量和可食产草量增产最明显。

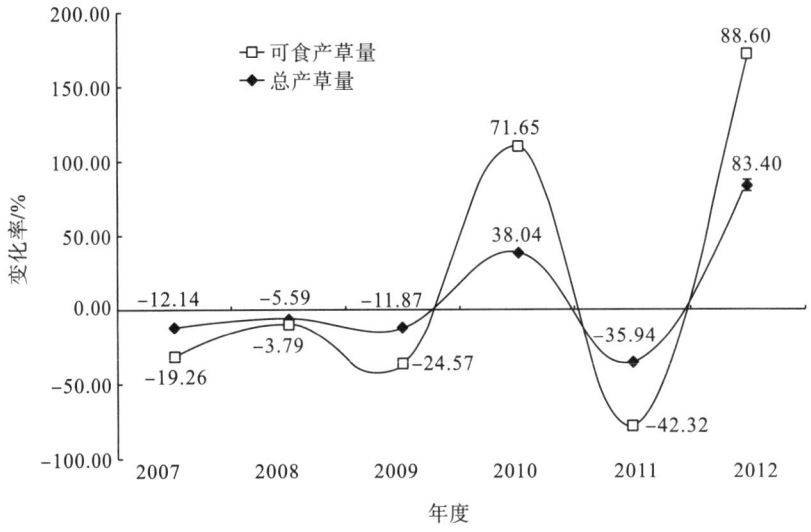

图2-2 2006~2012年产草量相对变化

研究区草地产量年际变化V值分为4个阶段。第1,2,3,4阶段分别为2006~2009年、2009~2010年、2010~2011年和2011~2012年,a分别取2009,2010,2011和2012,b分别取2006,2009,2010和2011,则各阶段草地植被总产草量V值依次为-8.97%,38.04%,-35.94%和83.40%,可食产草量V值依次为-13.80%,71.65%,-42.32%和88.60%,表明草地植被总产草量、可食产草量平均V值每年分别降低或升高相应百分数,则草地产量年际变化呈"降低—升高—降低—升高"走势。

单从年降水量和草产量变化率来看,只有2008年降水量较高,产草量应为丰年,其余均为平年。但与研究区实地直接收获的产草量对比,并未出现相应的产草量的丰歉年变化,说明该区域产草量与降水量关系不大,草地群落比较稳定。

四、喀斯特草地变化趋势分析评价

草地植被是西南喀斯特地区最后一道生态屏障,被认为是这一地区生态环境变化的敏感指示器。通过 7 年试验结果证明,草地植被总体变化趋势呈"波浪式"变化,尤其草地植被产量波动较为明显,2012 年比 2011 年总产草量和可食产草量增产最明显,相对变化率分别为 83.40%和 88.60%。2010 年冬季,草地植被发生火灾,监测的各项指标皆为最低值,经 1 年自然修复,2012 年各项监测指标趋于正常,这说明研究区只要植被生长表层土不受破坏流失,加之该地区水、气、热等气象因素充足,草地植被自然恢复速度就快。研究区天然草地利用状况,用产草量参考标准(中华人民共和国农业部,1996)判断为合理利用(合理利用干草产量范围 568.4~1515.6kg·hm^{-2});草地等级综合评价为"中质中产"草地,草地植被基况评价为"良好"。

在喀斯特地区,草地退化、草地石漠化的原因主要是人类活动干扰和气候的变异,要对此进行定性定量研究。在中国南方以及研究区,年降水量平均相对变化率小,降水的年际变化小,因此,降水对草地植被年变化率几乎没有影响。2010 年和 2011 年早春干旱,虽推迟了牧草返青期,但对全年产草量影响不大。

另外,从 21 个监测样方中得知,有毒有害植物紫茎泽兰出现的频次为 9.52%,主要集中分布在路边、水沟边和潮湿山谷间,在天然草地植被中也有零星分布,有逐渐向天然草地蔓延增多趋势,每年约以 30km 的速度蔓延,若不及时遏制,草地植被状况将会发生改变。因此,在西南喀斯特地区要进一步加大天然草地植被恢复力度,促进天然草地植被可持续发展,实现草地植被的稳定持久。

第四节 喀斯特草地常见饲用植物构成与营养成分

植物构成和营养成分与群落稳定性有关。喀斯特山区灌木特别是豆科灌木营养成分丰富,适口性好,饲用价值比较高,是山羊牧食的重要日粮成分。适口性好的植物如果过度放牧,就会从群落中减少甚至消失。现有的研究集中在具体某几个植物的资源调查、成分分析和饲用价值的评价上,缺少大尺度的系统调查分析与评价比较。

李莉等(2017)为了探索喀斯特草地常见饲用植物种类构成和营养成分,历时 3 年在贵州省范围内开展常见饲用植物的调查取样与分析,系统比较常见饲用植物的种类构成及其营养成分。结果表明,植物种类从多到少为禾本科植物、豆科植物、菊科植物、蔷薇科植物、蓼科植物和其他科植物;多年生植物多于一年生植物;草本>灌木>乔木、藤本;粗蛋白含量最高的是豆科植物,最低的是禾本科和蔷薇科。禾本科和豆科是贵州最主要的饲用植物,而以豆科植物的营养价值最高。

一、常见饲用植物种类构成

1只羊平均1d采食1.2kg干物质（DM），相当于鲜重5kg，实际采食时间为4～5h，故本研究将1人在5h内能收集鲜样5kg且分布广泛的植物确定为常见饲用植物。共采集合乎条件的饲用植物156种。按生活年限划分为多年生植物120种，一年或二年生植物36种（其中二年生植物3种），分别占76.92%和23.08%；按生活型划分为乔木9种，灌木46种，藤本9种，草本92种，分别占5.77%、29.49%、5.77%和58.97%。

按植物分类划分，禾本科最多，35种，占22.44%，除毛竹外均为草本植物。常见种有矛叶荩草等，见表2-6。

表2-6 常见禾本科饲用植物

中文名	拉丁名	中文名	拉丁名
矛叶荩草	*Arthraxon lanceolatus* (Roxb.) Hochst.	类芦	*Neyraudia reynaudiana* (Kunth) Keng ex Hitchc.
野古草	*Arundinella anomala* Steud.	毛花雀稗	*Paspalum dilatatum* Poir.
扁穗雀麦	*Bromus catharticus* Vahl.	双穗雀稗	*Paspalum paspaloides* (Michx.) Scribn.
拂子茅	*Calamagrostis epigeios* (Linn.)	狼尾草	*Pennisetum alopecuroides* (L.) Spreng. Syst.
细柄草	*Capillipedium parviflorum* (R. Br.) Stapf	象草	*Pennisetum purpureum* Schum. Beaskr. Guin.
竹节草	*Chrysopogon aciculatus* (Retz.) Trin.	毛竹	*Phyllostachys pubescens* Mazel ex H.de Leh.
薏苡	*Coix lacryma-jobi* Linn.	早熟禾	*Poa annua* L.
青香茅	*Cymbopogon caesius* (Nees ex Hook. et Arn.) Stapf	金发草	*Pogonatherum paniceum* (Lam.) Hack.
橘草	*Cymbopogon goeringii* (Steud.) A. Camus	棒头草	*Polypogon fugax* Nees ex Steud.
狗牙根	*Cynodon dactylon* (L.) Pers.	斑茅	*Saccharum arundinaceum* Retz.
鸭茅	*Dactylis glomerata* L.	甘蔗	*Saccharum officinarum* Linn.
马唐	*Digitaria sanguinalis* (L.) Scop.	金色狗尾草	*Setaria glauca* (L.) Beauv.
黑穗画眉草	*Eragrostis nigra* Nees ex Steud.	棕叶狗尾草	*Setaria palmifolia* (Koen.) Stapf
旱茅	*Eramopogon delavayi* (Hack.)	狗尾草	*Setaria viridis* (L.)
拟金茅	*Eulaliopsis binata* (Retz.) C. E. Hubb.	鼠尾粟	*Sporobolus fertilis* (Steud.) W. D. Clayt.
白茅	*Imperata cylindrica* (L.) Beauv.	黄背草	*Themeda japonica* (Willd.) Tanaka
刚莠竹	*Microstegium ciliatum* (Trin.) A. Camus	荻	*Triarrhena sacchariflora* (Maxim.) Nakai
芒	*Miscanthus sinensis* Anderss.		

豆科有21种，占13.46%，其中多年生20种，一年生1种；乔木2种，灌木10种，草本8种，藤本1种。常见种有合欢等，见表2-7。

表 2-7　常见豆科饲用植物

中文名	拉丁名	中文名	拉丁名
合欢	*Albizia julibrissin* Durazz.	天蓝苜蓿	*Medicago lupulina* Linn.
紫穗槐	*Amorpha fruticosa* Linn.	紫花苜蓿	*Medicago sativa* L.
紫云英	*Astragalus sinicus* Linn.	老虎刺	*Pterolobium punctatum* Hemsl.
鞍叶羊蹄甲	*Bauhinia brachycarpa* Wall.	葛	*Pueraria lobata* (Willd.) Ohwi
杭子梢	*Campylotropis macrocarpa* (Bunge) Rehd.	刺槐	*Robinia pseudoacacia* Linn.
紫荆	*Cercis chinensis* Bunge	白刺花	*Sophora davidii* (Franch.) Skeels
长波叶山蚂蝗	*Desmodium sequax* Wall.	黄花槐	*Sophora xanthantha* C. Y. Ma
野大豆	*Glycine soja* Sieb. et Zucc.	红三叶	*Trifolium pratense* L.
多花木蓝	*Indigofera amblyantha* Craib.	白三叶	*Trifolium repens* L.
胡枝子	*Lespedeza bicolor* Turcz.	野豌豆	*Vicia sepium* Linn.
百脉根	*Lotus corniculatus* Linn.		

菊科植物 12 种，占 7.69%，全部为草本植物，其中多年生 5 种，一年生 7 种。常见种有清明菜等，见表 2-8。

表 2-8　常见菊科饲用植物

中文名	拉丁名	中文名	拉丁名
清明菜	*Anaphalis flavescens* Hand.-Mazz.	千里光	*Senecio scandens* Buch.-Ham. ex D. Don
大籽蒿	*Artemisia sieversiana* Ehrhart ex Willd.	腺梗豨莶	*Siegesbeckia pubescens* Makino
一年蓬	*Erigeron annuus* (L.) Pers.	苦苣菜	*Sonchus oleraceus* L.
牛膝菊	*Galinsoga parviflora* Cav.	蒲公英	*Taraxacum mongolicum* Hand.-Mazz.
抱茎苦荬菜	*Ixeris sonchifolia* Hance.	苍耳	*Xanthium sibiricum* Patrin ex Widder
马兰	*Kalimeris indica* (L.) Sch.-Bip.	黄鹌菜	*Youngia japonica* (L.) DC.

蔷薇科植物 10 种，占 6.41%，全部为多年生，其中灌木 9 种，草本 1 种。常见种有平枝栒子，见表 2-9。

表 2-9　常见蔷薇科饲用植物

中文名	拉丁名	中文名	拉丁名
平枝栒子	*Cotoneaster horizontalis* Dcne.	野蔷薇	*Rosa multiflora* Thunb.
蛇莓	*Duchesnea indica* (Andr.) Focke	峨眉蔷薇	*Rosa omeiensis* Rolfe
扁核木	*Prinsepia utilis* Royle	缫丝花	*Rosa roxburghii* Tratt.
火棘	*Pyracantha fortuneana* (Maxim.) Li	白叶莓	*Rubus innominatus* S. Moore
小果蔷薇	*Rosa cymosa* Tratt.	红泡刺藤	*Rubus niveus* Thunb.

蓼科植物 8 种，占 5.13%，全部为草本植物，其中多年生 3 种，一年生 5 种。常见种有金荞麦等，见表 2-10。

表 2-10　常见蓼科饲用植物

中文名	拉丁名	中文名	拉丁名
金荞麦	*Fagopyrum dibotrys* (D. Don) Hara	水蓼	*Polygonum hydropiper* L.
细柄野荞麦	*Fagopyrum gracilipes* (Hemsl.) Damm. ex Diels	尼泊尔蓼	*Polygonum nepalense* Meisn.
何首乌(首乌藤)	*Fallopia multiflora* (Thunb.) Harald.	杠板归	*Polygonum perfoliatum* L.
萹蓄	*Polygonum aviculare* L.	酸模	*Rumex acetosa* L.

其他科植物有 47 科 70 种，占 44.87%，其中多年生 44 种，一年生 26 种；乔木 7 种，灌木 49 种，藤本 8 种，草本 6 种。主要有胡桃科化香树等，见表 2-11。

表 2-11　常见其他科饲用植物

科	中文种名	拉丁名	科	中文种名	拉丁名
胡桃科	化香树	*Platycarya strobilacea* Sieb.	堇菜科	戟叶堇菜	*Viola betonicifolia* J. E. Smith
杨柳科	垂柳	*Salix babylonica* L.	五加科	白簕	*Acanthopanax trifoliatus* (Linn.) Merr.
桦木科	榛(川榛)	*Corylus heterophylla* Fisch.	五加科	刺楸	*Kalopanax septemlobus* (Thunb.) Koidz.
壳斗科	白栎	*Quercus fabri* Hance	伞形科	竹叶柴胡	*Bupleurum marginatum* Wall. ex DC.
桑科	楮	*Broussonetia kazinoki* Sieb.	杜鹃科	小果珍珠花	*Lyonia ovalifolia* (Wall.) Drude var. *elliptica*
桑科	地果	*Ficus tikoua* Bur.	杜鹃科	云南杜鹃	*Rhododendron yunnanense* Franch. in Bull.
桑科	桑	*Morus alba* Linn.	杜鹃科	杜鹃	*Rhododendron simsii* Planch.
荨麻科	长叶水麻	*Debregeasia longifolia* (Burm. f.) Wedd.	木犀科	小叶女贞	*Ligustrum quihoui* Carr.
荨麻科	荨麻	*Urtica fissa* E. Pritz.	木犀科	迎春花	*Jasminum nudiflorum* L.
落葵科	落葵薯	*Anredera cordifolia* (Tenore) Steenis	马钱科	密蒙花	*Buddleja officinalis* Maxim.
石竹科	繁缕	*Stellaria media* (L.) Cyr.	茜草科	猪殃殃	*Galium aparine* Linn.
藜科	藜	*Chenopodium album* L.	茜草科	鸡矢藤	*Paederia scandens* (Lour.) Merr.
藜科	地肤	*Kochia scoparia* (L.) Schrad	茜草科	金剑草	*Rubia alata* Roxb.
苋科	莲子草	*Alternanthera philoxeroides* (Mart.) Griseb.	旋花科	篱打碗花	*calystegia sepium* (L.) R.Br.
苋科	苋	*Amaranthus tricolor* L.	旋花科	蕹菜	*Ipomoea aquatica* Forsk.
樟科	香叶子	*Lindera fragrans* Oliv.	旋花科	圆叶牵牛	*Pharbitis purpurea* (Linn.)
毛茛科	扬子毛茛	*Ranunculus sieboldii* Miq.	马鞭草科	黄荆	*Vitex negundo* L.
小檗科	三颗针	*Berberis diaphana* Maxin.	马鞭草科	臭牡丹	*Clerodendrum bungei* Steud.
小檗科	南天竹	*Nandina domestica* Thunb.	唇形科	香薷	*Elsholtzia ciliata* (Thunb.) Hyland.
藤黄科	贵州金丝桃	*Hypericum kouytchense* Levl.	唇形科	益母草	*Leonurus artemisia* (Lour.) S. Y. Hu
十字花科	荠	*Capsella bursa-pastoris* (L.) Medic.	茄科	假酸浆	*Nicandra physaloides* (L.)

续表

科	中文种名	拉丁名	科	中文种名	拉丁名
十字花科	豆瓣菜	*Nasturtium officinale* R. Br.	茄科	阳芋	*Solanum tuberosum* L.
十字花科	诸葛菜	*Orychophragmus violaceus* (L.)	车前科	平车前	*Plantago asiatica* L.
金缕梅科	枫香树	*Liquidambar formosana* Hance	忍冬科	金银花	*Lonicera japonica* Thunb.
金缕梅科	檵木	*Loropetalum chinense* (R. Br.) Oliver	忍冬科	鸡树条	*Viburnum opulus* Linn. var. *calvscens*(Rehd.)Hara f. *calvscens*
海桐科	海桐	*Pittosporum tobira* (Thunb.) Ait.	忍冬科	烟管荚蒾	*Viburnum utile* Hemsl.
芸香科	野花椒	*Zanthoxylum simulans* Hance	玄参科	阿拉伯婆婆纳	*Veronica persica* Poir.
马桑科	马桑	*Coriaria nepalensis* Wall.	百合科	沿阶草	*Ophiopogon bodinieri* Levl.
漆树科	盐肤木	*Rhus chinensis* Mill.	百合科	菝葜	*Smilax china* L.
卫矛科	南蛇藤	*Celastrus orbiculatus* Thunb.	鸭跖草科	鸭跖草	*Commelina communis* Linn.
黄杨科	黄杨	*Buxus sinica* (Rehd. et Wils.) Cheng	天南星科	一把伞南星	*Arisaema erubescens* (Wall.) Schott
鼠李科	异叶鼠李	*Rhamnus heterophylla* Oliv.	芭蕉科	芭蕉	*Musa basjoo* Sieb. & Zucc.
葡萄科	崖爬藤	*Tetrastigma obtectum* (Wall.) Planch.	松科	马尾松	*Pinus massoniana* Lamb.
葡萄科	毛葡萄	*Vitis heyneana* Roem. & Schult, Syst.	银杏科	银杏	*Ginkgo biloba* L.
胡颓子科	牛奶子	*Elaeagnus umbellata* Thunb.	木贼科	问荆	*Equisetum arvense* L.

二、常见饲用植物营养成分

粗蛋白含量最高的是豆科植物，占干物质的18.2%，其次为蓼科植物，占18.1%，菊科植物占15.5%，其他科植物占14.7%，见表2-12。

表2-12 植物营养成分（占干物质百分比，%）

项目	粗蛋白	粗脂肪	粗纤维	粗灰分	钙	磷
禾本科	9.1603^a	2.17	38.4169^a	8.6249^{ab}	0.9280^a	0.2203^a
蔷薇科	10.9570^a	2.10	33.5641^a	7.5420^a	1.9291^b	0.2540^a
菊科	15.5392^b	2.95	20.6250^b	10.8675^{bc}	2.1342^b	0.4925^b
蓼科	18.0975^b	2.14	21.4963^b	12.6852^c	2.0188^b	0.3938^{ab}
豆科	18.2038^b	2.58	25.2629^b	7.4243^a	1.8719^b	0.3510^{ab}
其他科	14.7033^b	2.92	25.3493^b	10.4321^{abc}	2.1557^b	0.2934^a

注：同列数据肩标字母不同表示差异显著（$P<0.05$），字母相同表示差异不显著

由表2-12可见：粗蛋白含量最低的为禾本科和蔷薇科植物，差异显著（$P<0.05$）；粗脂肪平均含量在2.10%~2.95%，差异不显著（$P>0.05$）；粗灰分含量最高的是蓼科植物，为12.69%，蔷薇科和豆科植物粗灰分含量最低，分别为7.54%和7.42%，差异显著（$P<0.05$）；钙含量最低的是禾本科植物，平均含量为0.93%，显著低于其余各科植物（$P<0.05$）；

磷含量较低的是禾本科、蔷薇科和其他科植物，分别为 0.22%、0.25% 和 0.29%，显著低于菊科植物，菊科植物含量最高，为 0.49%（$P<0.05$）。

三、常见饲用植物评价与稳定性分析

（一）常见饲用植物评价

贵州省常见饲用植物以禾本科、豆科、菊科、蔷薇科、蓼科为主。本研究调查分析植物涉及 53 科的 156 种植物，其中禾本科植物最多，有 35 种，占 22.44%；豆科植物有 21 种，占 13.46%；菊科植物有 12 种，占 7.69%；蔷薇科植物有 10 种，占 6.41%；蓼科植物有 8 种，占 5.13%；其他科植物有 47 科 70 种，占 44.87%。主要植物的科与前人研究基本相同。20 世纪 80 年代贵州省草地野生牧草资源调查结果表明，800 种贵州省主要野生牧草中，禾本科植物为 311 种，占 38.88%；豆科植物为 131 种，占 16.38%；菊科植物为 77 种，占 9.63%。袁福锦等（2016）在香格里拉调查了 153 份饲用植物，结果表明，以禾本科、豆科、菊科、蓼科植物居多，但所占比例不及贵州的高。

贵州省灌草丛草地以多年生植物为主，一年生植物为辅。156 种植物中，多年生植物有 120 种，一年生植物有 36 种（含二年生植物 3 种），分别占 76.92% 和 23.08%；以草本为主，156 种植物中有草本 92 种，乔木 9 种，灌木 46 种，藤本 9 种，分别占 58.97%、5.77%、29.49% 和 5.77%。草本以禾本科、菊科、蓼科为主，木本（灌木、乔木）以豆科、蔷薇科和其他科植物为主。全国有木本饲用植物 1000 多种，最有价值的如豆科的刺槐、胡枝子、羊蹄甲、合欢，桑科的饲用桑、构树等（蔡小艳等，2016），在本研究中这些植物也是贵州省常见的重要木本饲用植物。

粗蛋白含量最高的是豆科植物，其次为蓼科、菊科植物，禾本科和蔷薇科植物粗蛋白含量最低。粗灰分含量最高的是蓼科植物，蔷薇科和豆科植物粗灰分含量最低。钙含量最低的是禾本科植物，磷含量最高的是菊科植物。各科植物粗脂肪平均含量差异不显著（$P<0.05$）。这些结果与已有研究相似。孙建昌等（2006）对贵州省 36 种木本饲料植物的分析结果表明，刺槐、紫穗槐、羊蹄甲等豆科植物的粗蛋白含量超过 20%，粗灰分在 5%~12%，粗脂肪含量在 2% 以上。

（二）常见饲用植物稳定性分析

植物的营养成分不同可影响稳定性。一般来说，营养成分高的植物容易被选择性采食。在长期放牧或者过度放牧下，豆科植物容易被过度采食而减少甚至消失，而蔷薇科植物营养和适口性都较差，很少被家畜采食，利于长期保持。但是同科不同种的植物营养成分有差异，植物部位、季节不同，营养成分含量也不同。禾本科植物营养成分中粗蛋白含量较低，但可以利用地上部分，可刈割，也可放牧，适用于牛、羊、马、骡等几乎所有草食家畜（禽），利用率高，可收获性强，容易被过度利用而影响稳定性。灌木特别是有刺的灌木，如野花椒，粗蛋白含量达 17.08%，除山羊采食外，牛几乎不能采食，也不能刈割，一般不会被家畜过度采食而影响稳定性。

不同家畜对植物的稳定性影响不同。牛的祖先起源于温带高草草原，为躲避食肉动物的捕食，用舌头"卷草"，选择性小，有利于草地稳定，所以叫做"草地清理机"，有利于以草本植物为建群种的草地的稳定性。绵羊起源于亚洲，由于胃相对较小，为了保证摄取足够的营养，就选择采食营养较丰富的嫩芽等。绵羊放牧时用嘴唇啃，喜欢选择幼嫩牧草，长期放牧草地变成致密状，有利于以低矮草本植物为建群种的山地草甸类草地的稳定性。山羊原生地为高寒山区，植物稀少，且多为灌草。灌木嫩枝叶营养丰富，是山羊的"最爱"，粗蛋白营养含量很高，如柴胡嫩芽的粗蛋白高达35%。山羊过度放牧容易造成灌木死亡，如果适度放牧可调节灌木生长，有利于维持灌草丛类草地的稳定。

第三章 喀斯特人工草地群落稳定性

第一节 喀斯特人工草地类型与特点

一、人工草地类型

人工草地根据利用方式，可分为刈割型草地、放牧型草地和刈牧兼用型草地。刈割型草地多为高大型牧草，如皇竹草(*Pennisetum sinese*)、象草(*Pennisetum purpureum*)等；放牧型草地多为匍匐型或(和)根蘖型牧草，如白三叶、多年生黑麦草等；刈牧兼用型草地多介于二者之间，如红三叶(*Trifolium pratense*)、鸭茅等。

根据利用年限，可分为一年生草地和多年生草地。一年生草地多为一年生牧草，如一年生黑麦草(*Lolium multiflorum*)等，多年生草地多为多年生牧草，如白三叶、皇竹草(参见彩图3-1)、鸭茅等。

根据生态适应性，可分为暖季型草地和冷季型草地。暖季型草地多为暖季型牧草，最适合生长的温度为20~30℃，在夏季或温暖地区生长旺盛，如狼尾草属系列牧草。冷季型草地多为冷季型牧草，适宜的生长温度为15~25℃，气温高于30℃时，生长缓慢。各地草地种植实践与试验表明，暖季型牧草在贵州分布上限为海拔1200m，部分暖季型牧草如柱花草分布上限为海拔800m。

二、人工草地特点

喀斯特地区雨量丰富，湿度大，非常适合优质牧草生长。其人工草地具有以下特点：

一是生长迅速，产草量高，一年可多次利用。例如威宁的白三叶与多年生黑麦草混播草地，夏季雨热条件俱佳时每21~30天就可放牧利用一次。

二是生长期长。喀斯特地区冬无严寒，夏无酷暑。大部分地方可全年生长，全年牧草供给较平衡。

三是营养元素全面，特别是豆科与禾本科牧草混播草地，含丰富而完全的营养物质。豆科牧草干物质中蛋白质占18%~22%，含有各种必需氨基酸，蛋白质生物学价值高，质量好；含丰富的Ca、P、K等元素以及胡萝卜素和各种维生素，如VB_1、VB_2、VC、VE；适时利用的豆科牧草粗纤维含量低，柔嫩多汁，适口性好，易消化，各种家畜均喜采食。禾本科牧草所含的粗蛋白一般低于豆科牧草，但禾本科牧草如多年生黑麦草富含精氨酸、谷氨酸、赖氨酸、葡萄糖、果糖、蔗糖等，胡萝卜素含量也很高。

四是利用时间长。建植牧草多为多年生草种，在合理利用条件下一次种植可多次和多年利用，可长期维持较高的生产力。贵州威宁 1985 年建植的白三叶+多年生黑麦草/鸭茅混播草地，如今仍然保持 5000kg·hm^{-2} 左右干物质的生产力(参见彩图 3-2)。

五是培土增肥作用显著。牧草根系发达，可增加土壤有机质，改善土壤结构，增加土壤肥力，提高后作产量和品质。大量的研究表明，牧草具有杰出的改土和水土保持能力，例如每公顷白三叶草地每年可从大气中固氮 100～300kg。另外，人工草地牧草抗逆性强，适应性广，茎叶茂盛，覆盖度大，可缓冲雨点的直接打击，减轻冲刷力量，防止水土流失。

第二节 喀斯特山区草地建植分区及其主推牧草选择——以贵州省为例

全国牧草区划中，将贵州等西南喀斯特地区纳入西南山地/高原温暖湿润区或亚热带热性灌木草丛区(洪绂曾，1989)，这在全国范围来说有指导意义。但是，贵州等喀斯特地区地形破碎，立体气候明显，土壤类型繁多，各地牧草种植差异很大，全省仅有一个分区不能有效指导草地建植。根据第一次全国草地资源普查，以天然草地植被特征为主要依据，贵州省划分为 6 个草地类、26 个草地组、85 个草地型(苏大学等，1987)，对于草地建植来说过于烦琐，不易操作。王元素等(2014)在贵州省范围内开展草地建设实践调查，并在 6 个代表性地区开展牧草引种与品比试验的基础上，提出贵州草地建植分区及其主推牧草和混播组合，对全省乃至南方喀斯特省区的草地建植有实际指导意义。

一、贵州草地建植分区因素分析

(一)地形与海拔分析

贵州处于云贵高原东侧的梯阶状大斜坡地带，属于高起于四川盆地和广西丘陵之间的侵蚀残留高原，呈三级阶梯分布。海拔的高差大，再分配作用强，使雨热的垂直变化幅度远远大于纬度变化而造成的变化幅度，形成了"一山有四季，十里不同天"的特征，从而影响牧草的分布与种植。因此，海拔是贵州草地建植分区的主因子。

(二)土壤状况分析

如前所述，贵州土壤类型繁多，水平分布与垂直分布交错。土壤基质和 pH 影响牧草的分布与选择。面积最大的是黄壤，土壤结构较致密，有机质含量较高，一般在 5%左右。面积第二的是石灰土，凡有石灰岩出露之处都有石灰土，pH 7.0～7.5。另外，有黄棕壤、山地灌丛草甸土、紫色土、红壤等。贵州 pH 大于 6.5 的唯一一类土壤是石灰土，这是贵州最适宜紫花苜蓿种植的土壤(参见彩图 3-3)，其余类型土壤的 pH 都低于 6.5。经过施肥、改良等农业措施，酸性土壤 pH 可改善。全省几乎没有强碱性土壤。

(三) 气候条件分析

贵州年均气温在 14℃以上，大于 10℃年积温在 4500℃以上。阴天多，达 200～240 天。年降水量 1100～1300mm。贵州省的气候特点是：冬暖夏凉，雨水丰沛，雨热同季，多阴雨，少日照，非常适合以营养体生长为主的牧草生产。水热等气候条件是牧草生长的主要因素之一，但是贵州的气候受海拔变化再分配明显，故不再作为分区因子考虑。

(四) 牧草特性分析

根据牧草对温度的生态适应性把牧草划分为暖季型牧草和冷季型牧草。暖季型牧草最适合生长的温度为 20～30℃，在夏季或温暖地区生长旺盛。暖季型牧草一般为高大禾草，粗纤维含量高，营养成分和饲用价值较低，粗蛋白含量一般低于 10%，成熟后营养价值更低，单独饲喂不能满足家畜的营养需求。如杂交狼尾草，粗蛋白含量 8.5%。

冷季型牧草适宜的生长温度为 15～25℃，气温高于 30℃时，生长缓慢，在炎热的夏季，冷季型牧草生长受到抑制。冷季型牧草以种子繁殖为主，栽培成本较低；营养成分和饲用价值高于暖季型牧草，如多年生黑麦草粗蛋白含量达 16%～18%，紫花苜蓿更高达 22%～28%。各地草地种植实践与试验表明，暖季型牧草在贵州分布上限为海拔 1200m，部分暖季型牧草如柱花草分布上限为海拔 800m。

大部分优质牧草对土壤没有严格要求，但多喜结构良好土质疏松的土壤。紫花苜蓿喜中性至偏碱性土壤，还存在秋眠级特性。白三叶、鸭茅有良好的耐阴性，常用于林下种草和林草结合(参见彩图 3-4)。

二、分区及其主推牧草

(一) 分区

根据三级阶梯，结合暖季型牧草分布上限(海拔 1200m)，以海拔为主因子将贵州草地建植分区相应地分为四大区：Ⅰ.高海拔区(1500m 以上)，Ⅱ.中高海拔区(1200～1500m)，Ⅲ.中低海拔区(800～1200m)，Ⅳ.低海拔区(800m 以下)。

以土壤 pH 为副因子，分为 2 类：①pH 小于 6.5；②pH 大于 6.5。海拔与 pH 交叉，贵州草地建植分区共有 8 个类型区：Ⅰ1、Ⅰ2、Ⅱ1、Ⅱ2、Ⅲ1、Ⅲ2、Ⅳ1 和Ⅳ2。分区及其主推牧草检索表见表 3-1。

(二) 各区主推牧草

高海拔地区(1500m 以上)，主推冷季型牧草，如白三叶、红三叶、多年生黑麦草、鸭茅等，以豆科与禾本科牧草混播为主，单播可用红三叶、黑麦草。pH 大于 6.5 的土壤可选择紫花苜蓿。

中海拔地区(800～1500m)，可分为两部分：1200～1500m 的地区，仍主推冷季型牧草，个别地方可考虑暖季型牧草；800～1200m 的地区，暖季型牧草与冷季型牧草相结合，单播主推甜高粱(*Sorghum dochna*)、皇竹草等。pH 大于 6.5 的土壤主推紫花苜蓿。

表 3-1　贵州草地建植分区检索表

分区号	命名	分区指标	主推牧草	主要混播组合及播种量/(kg·667hm^{-2})
I1	高海拔酸性土壤区	海拔 1500m 以上，土壤 pH 小于 6.5	白三叶、红三叶、多年生黑麦草、鸭茅、芜菁甘蓝、燕麦、园草芦	白三叶 0.4kg+多年生黑麦草 1kg+鸭茅 0.5kg
I2	高海拔中性、碱性土壤区	海拔 1500m 以上，土壤 pH 大于 6.5	黄花苜蓿、紫花苜蓿；I1 区牧草	紫花苜蓿 0.6kg+鸭茅 0.8kg
II1	中高海拔酸性土壤区	海拔 1200～1500m，土壤 pH 小于 6.5	白三叶、百脉根、红三叶、苇状羊茅、鸭茅、多年生黑麦草、无芒雀麦	白三叶 0.4kg+鸭茅 0.5kg+多年生黑麦草 1kg
II2	中高海拔中性、碱性土壤区	海拔 1200～1500m，土壤 pH 大于 6.5	紫花苜蓿；II1 区牧草	紫花苜蓿 0.6kg+鸭茅 0.5kg+多年生黑麦草 0.6kg
III1	中低海拔酸性土壤区	海拔 800～1200m，土壤 pH 小于 6.5	白三叶、红三叶、百脉根、牛鞭草、宽叶雀稗、菊苣、多年生黑麦草、鸭茅、无芒雀麦、甜高粱、皇竹草	白三叶 0.4kg+宽叶雀稗 0.4kg+多年生黑麦草 0.6kg
III2	中低海拔中性、碱性土壤区	海拔 800～1200m，土壤 pH 大于 6.5	紫花苜蓿；III1 区牧草	紫花苜蓿 0.6kg+鸭茅 0.5kg+无芒雀麦 0.7 kg
IV1	低海拔酸性土壤区	海拔低于 800m，土壤 pH 小于 6.5	柱花草、皇竹草、杂交狼尾草、宽叶雀稗	柱花草 0.5kg+宽叶雀稗 0.6kg
IV2	低海拔中性、碱性土壤区	海拔低于 800m，土壤 pH 大于 6.5	紫花苜蓿；IV1 区牧草	紫花苜蓿 0.6kg+鸭茅 0.5kg+宽叶雀稗 0.4 kg

低海拔地区（800m 以下），主推暖季型牧草，如柱花草（*Stylosanthes guianensis*）、雀稗（*Paspalum thunbergii*）、皇竹草等。pH 大于 6.5 的土壤可选择紫花苜蓿。暖季型牧草植株高大，草地建植以单播为主。

各个分区的放牧草地建植以混播为主，刈割草地以单播为主。冬闲田土种草主要有：多花黑麦草、紫云英、毛苕子（*Vicia villosa*）、燕麦（*Avena sativa*）、冬麦 60 等。主要饲用豆科灌木有白刺花、多花木兰、胡枝子、刺槐等。青贮饲料作物有甜高粱、青贮玉米等。

第三节　永久性三叶草混播草地群落稳定性

在放牧家畜与草地系统中，草地饲料供给与家畜采食需求的平衡调控是管理的核心（Hodgson，1990），关系到草地的稳定持久利用。最经济持久的方法包含 2 个因素，一是采用标准化围栏分区轮牧技术，二是采用不同生长习性或形态特征的豆科/禾本科牧草进行多组分混播组合。由于生活史和生态位的差异，群落里不同物种之间形成补偿效应（Loreau，2000），混播组分多，包含关键种的可能性也越大，有利于群落稳定，从而实现草地产出的全年季节平衡以及利用年限的持久稳定。

三叶草是云贵高原等温带地区最重要的豆科牧草，在南方喀斯特地区采用红三叶、白三叶与最常见的多年生黑麦草等多年生禾本科牧草进行多组分混播，在适度放牧利用下研究其群落组分的动态变化以及群落生产力的持久稳定性，对资源的持久利用以及防止石漠化有重要的意义。王元素等（2014）在绵羊适度放牧下，测定牧前、牧后草地现存量，连续进行 20 年的持久性研究，结果表明：时间以及组合×利用时间的交互作用对所有混播组合影响极显著,而组合间产量差异不显著,其动态变化与年降水量的动态变化之间没有显著的对应关系,但同物种在各混播群落中的生产力和稳定性差异明显,说明各组分之间存在显著的生态位互补和竞争共存关系。各物种中,生产力与稳定持久性最好的是紫羊茅和白三叶,其次是多年生黑麦草和鸭茅,最差的是无芒雀麦和鹅观草(Roegneria kamoji);而在草地建植初期表现最好的是多年生黑麦草和红三叶。

一、研究地概况与研究方法

试验地点在贵州高原草地试验站灼圃示范牧场内(贵州,威宁,参见彩图3-5),地理位置为E104°04′48″,N27°12′30″,海拔2442m。年平均气温8.7℃,极端最高气温28.2℃,极端最低气温-9.5℃,最热月平均气温15.5℃,最冷月平均气温0.6℃,大于0℃年积温2960℃。年降水量1023mm,生长季内降水量919mm。无霜期182d,年日照数1611h。试验期年降水量和大于0℃年积温如图3-1所示。试验区所在地为高原缓坡山原地貌,土壤为黄棕壤,pH 5~6。土壤中各种微量元素均在中等以上水平。常量元素中磷的含量极低(小于$3mg·g^{-1}$),速效钾的含量为中上水平($58.3~194.0mg·kg^{-1}$),氮的含量为中等水平($360mg·kg^{-1}$)。

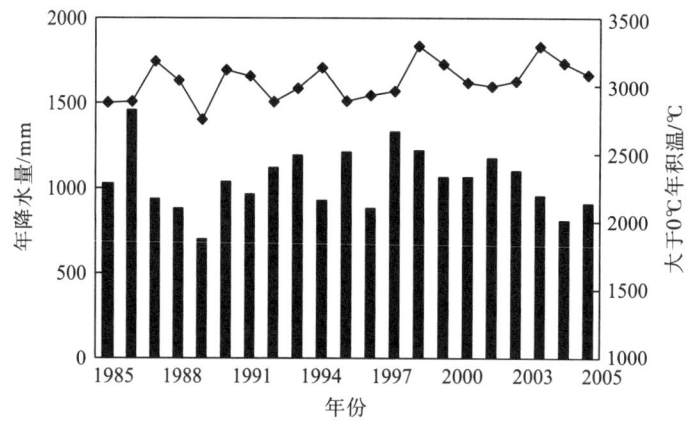

图3-1 试验期间(1985~2005年)年降水量(柱型,mm)和大于0℃年积温(折线,℃)

在前期引种品比试验结果的基础上,选择云贵高原最适宜也最常见的红三叶(轴根类上繁草)、白三叶(匍匐型下繁草)、多年生黑麦草(疏丛型下繁草)、鸭茅(根茎型上繁草)、无芒雀麦(根茎型上繁草)、黑穗画眉草(疏丛型下繁草)、紫羊茅(根茎疏丛型下繁草)和鹅观草形成4个5组分混播组合:RWPBR,红三叶+白三叶+多年生黑麦草+无芒雀麦+紫羊茅;RWRBC,红三叶+白三叶+紫羊茅+无芒雀麦+鸭茅;RWLBR,红三叶+白三叶+黑穗画眉草+无芒雀麦+紫羊茅;RWPBG,红三叶+白三叶+多年生黑麦草+无芒雀麦+鹅观草。豆科与禾本科的种子比例为1:3。

随机区组设计,小区面积$2.7×5=13.5(m^2)$,3次重复。1985年6月播种,播种量红三叶$1.5kg·hm^{-2}$,白三叶$1.1kg·hm^{-2}$,紫羊茅$6.0kg·hm^{-2}$,无芒雀麦$8.0kg·hm^{-2}$,多年生

黑麦草 6.0kg·hm^{-2}，鸭茅 4.0kg·hm^{-2}，黑穗画眉草 1.2kg·hm^{-2}，鹅观草 5.5kg·hm^{-2}。

草地管理：建植初期(1985～1989 年)每年施尿素(含 N 46%)98kg·hm^{-2}，钙镁磷肥(含 P$_2$O$_5$ 18%)和硫酸钾(含 K 44%)分别施 450kg·hm^{-2} 和 75kg·hm^{-2}；草地维持期每年施钙镁磷肥 375kg·hm^{-2}。

"适度放牧"的控制管理：整个大型混播试验草地（约 0.6hm^2）围栏后作为示范场的一个放牧小区，用考力代绵羊进行轮牧，放牧"适度"通过草地现存量和草层高度的控制来实现。放牧时调整羊群密度以保证在 1～2d 内牧食到牧后现存量指标，以最大限度地减少绵羊的选择性采食，然后封闭直到下一次轮牧。放牧后及时收集粪便并均匀地施于各小区，以避免出现肥力"斑块"。牧前草地现存量 1800～2500kg DM·hm^{-2}(草层高 15～18cm)，牧后草地现存量 900～1200kg DM·hm^{-2}(草层高 3～5 cm)。该范围被认为既利于草地牧草的净产量积累，又利于家畜的采食需求(Sheath and Clark，1996)。

在每次放牧前，每个小区随机取 2 个 0.5m×0.5m 样方(取样后混合为一个样)，每个处理 3 次重复，取样留茬 3～5cm 高，取样后即开始放牧。放牧后用手推电动割草机刀片高度调至 5cm 刈割所有小区，以保持牧后草层高度与取样留茬高度一致，并保证各小区草层的均匀一致。取样次数与放牧次数同步，每年取样一般为 5～7 次(与草地当年的生产性能相关)。人工分捡开每一个物种，并置于 80℃烘箱烘 24h 至恒重，以测定种群和群落的干物质(DM)产量和年净产量(net primary production，NPP)。计算公式为

$$y = \sum_{i=1}^{n} W_s$$

式中，y 为全年 DM 产量；n 为全年放牧频次；W_s 为每一次测产量。

群落初级生产力稳定性与持久性的测度用变异系数(CV，%)表示(Tilman，1996)：

CV =(标准差/群落初级生产力多年平均值)×100%

数据用 Excel 2003 进行处理，采用 SPSS 10.0 的 ANOVA 对各混播组合的净产量、组分 DM 进行比较分析；采用重复测定分析 20 年产量变化以及草地年限、混播组合及其交互作用对产量变化的影响。

降水量与产量关系分析方法：把 20 年的年降水量取平均值，然后每年的实际降水量与平均值相减得差值，就可以知道当年降水量的丰减与否。以同样的方法取得净产量的差值，求出降水量差值与产量差值之间的相关关系。

二、产量时间动态及其与降水量的关系

重复测定分析结果表明(表 3-2)，20 年的建植利用时间对所有混播组合影响极显著(4 个组合的 P 值都小于 0.01)，且组合×年的交互作用都非常显著（$P<0.001$）。这与多数学者的研究结果相似。混播草地的高产期在前 5 年，这与牧草的生理生态习性等因素有关。普遍研究认为，鹅观草、无芒雀麦为短期多年生牧草，红三叶、多年生黑麦草等可维持 3～5 年的高产期，而白三叶、鸭茅等可维持更长时间。贵州已经有一百年的白三叶草坪(王元素等，2012)，其稳定持久性与适应性形态变化和遗传多样性有关(李莉等，2010)。老芒麦在草地群落中的相对生物量、相对多度和相对盖度随着利用年限增加而明显下降(周

禾等,2000)。紫花苜蓿第 2 年产量显著高于第 6 年的,速效钾、全钾随种植年限增加而降低(邰继承等,2009)。播入种的聚集程度绝大多数呈先减弱后增强趋势,第 3 年草地非播入种的聚集程度较第 1 年和第 2 年的明显增强,形成了草地建植 3 年时种间共存的暂稳定状态。混播组合是影响草地产量和群落稳定性的主要因子之一(蒋文兰,1991),罗顿豆与 3 种多年生禾本科牧草混播,相同处理下不同禾本科牧草总产量和粗蛋白产量差异明显(文石林等,2012)。

20 年试验期间年降水量与混播草地净生产力之间的关系如图 3-2 所示。总的来看,二者之间没有明显的对应关系,即草地生产力并没有随降水量的增加/减少而增加/减少。前 10 年和后 10 年 2 个阶段各有一些特点。在前 10 年间,年降水量变化最大,有 4 年的年降水量高于 20 年平均值,其中 1986 年比正常年份降水量增加 410 mm,是最湿润年份。该年草地产量有正响应,其中有 3 个处理的增加值超过平均值,RWPBR 和 RWPBG 这 2 个组合相应地达到了最高产量,分别比正常年份高出 502 $g·m^{-2}$ 和 565 $g·m^{-2}$。从 1987 年到 1991 年连续 5 年的年降水量都低于正常年份,但是各混播组合的产量除 1988 年相应地低于平均值外,其余年份仍然高于平均值。1992 年到 1995 年,除 1994 年降水量减少外,其余年份降水量丰盈,除 RWPBG 组合外,各混播组合产量均超过正常值。

1996 年到 2005 年,1996 年和 2002 年到 2005 年的降水量低于平均值,而 1997 年到 2002 年连续 6 年降水丰富。但是,草地产量再没有出现相应的变化,基本上整个 10 年期间的产量都低于平均值。

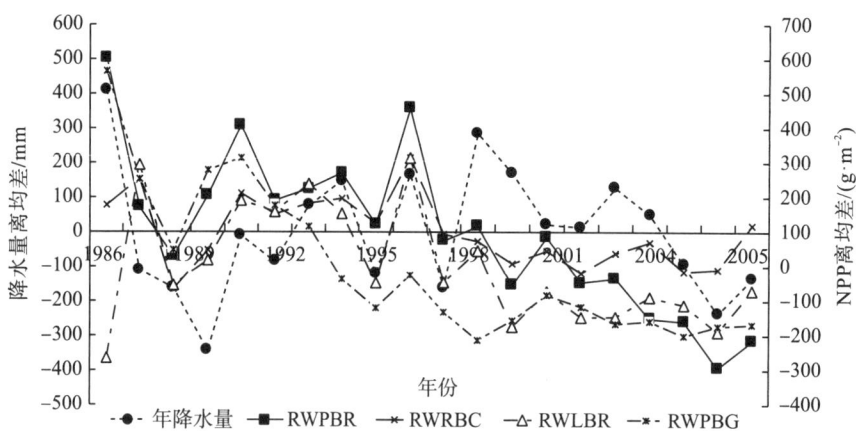

图 3-2 各混播组合净生产力与年降水量的关系

第三章 喀斯特人工草地群落稳定性

表 3-2 各混播组合 20 年净产量重复测定分析结果

处理	1	2	3	4	5	6	7	8	9	10	11	12	13	14	15	16	17	18	19	20	平均	F	P
RWPBR	1186.7	755.3	613.3	791.0	992.9	775.0	809.7	854.9	705.9	1042.0	658.0	700.3	530.0	668.0	537.7	549.1	432.6	423.9	289.8	367.6	684.2	23.783	<0.001
RWRBC	733.3	809.3	490.0	603.0	767.6	707.2	738.6	752.6	681.5	870.2	649.3	629.0	564.3	601.0	537.0	593.7	625.4	541.1	546.8	674.8	655.8	2.913	0.002
RWLBR	443.3	1002.0	653.7	726.7	898.9	866.2	947.1	861.6	660.8	1021.7	661.7	753.3	533.7	635.0	560.7	561.8	618.4	596.1	518.6	637.3	707.9	12.767	<0.001
RWPBG	903.3	590.3	386.0	616.3	651.7	514.4	454.0	301.6	218.0	312.7	205.7	124.7	181.7	254.7	220.7	171.8	178.8	136.7	164.3	169.7	337.8	33.834	<0.001
平均	816.7	789.3	535.7	684.3	827.7	715.7	737.3	692.6	566.6	811.6	543.7	551.8	452.4	539.7	464.0	469.1	463.8	424.4	379.9	462.3	596.43	193.216	<0.001
F	3407.031	37.925	145.037	4.902	51.801	20.533	31.867	58.495	14.828	31.388	60.180	6.174	34.694	11.164	33.504	68.521	149.090	97.664	127.320	4.823	38.038	df=57, F=7.358, P<0.001	
P	<0.001	<0.001	<0.001	0.032	<0.001	<0.001	<0.001	<0.001	0.001	<0.001	<0.001	0.018	<0.001	0.003	<0.001	<0.001	<0.001	<0.001	<0.001	0.033	<0.001		

注：RWPBR，红三叶+白三叶+多年生黑麦草+无芒雀麦+鸭茅；RWRBC，红三叶+白三叶+紫羊茅+无芒雀麦+紫羊茅；RWLBR，红三叶+白三叶+黑穗画眉草+无芒雀麦+紫羊茅；RWPBG，红三叶+白三叶+多年生黑麦草+无芒雀麦+鹅观草。

与前人研究结果不同,本研究中,年降水量的丰盈/减少与多组分混播草地产量增加/减少没有显著的对应关系。这与 2 组分混播草地的响应不同,同等条件下白三叶两组分混播草地产量对降水量表现出显著的响应关系(王元素,2007)。这主要是多组分混播草地各组分之间的补偿生长效应,遇上干旱年份,对干旱敏感的牧草生长受到影响,但耐干旱的牧草产生补偿生长,因此群落总产量不受影响。群落净生产力随植物物种数的增加而增加(Tracy and Sanderson,2004),这种多样性-稳定关系已经得到了广泛的认同,其机理是选择性效应和对有效资源实现最大化利用的生态位互补(Loreau,2000)。另外,地理区域不同,草地产量对降水量的响应也不同,对我国北方干旱地区的三江源、甘肃、新疆等地的研究表明(李建龙等,2002),降水量是影响草地产量的主要生态因子,这些地区的年降水量低于 400mm,气候干旱。而本研究地点年均降水量 1023mm,最低年份的 1989 年也有 703mm,能基本满足牧草生长的水需求。

三、牧草种群生产力与时间变异性

参试牧草中,除无芒雀麦和鹅观草外,其余 6 种基本上维持了 20 年。禾本科牧草中,紫羊茅的年均产量最高,为 387g DM·m^{-2},显著高于其他牧草($P<0.05$);其次为多年生黑麦草,达到 180g DM·m^{-2};最低的为黑穗画眉草,只有 107g DM·m^{-2},显著低于其他禾草($P<0.05$)。豆科牧草中,白三叶最高,为 106 g DM·m^{-2},而红三叶仅为 62g DM·m^{-2}($P<0.05$)(图 3-3)。

在维持 20 年的 6 种牧草中,变异系数最小的是紫羊茅、白三叶和黑穗画眉草,显著稳定于其他牧草 ($P<0.05$);其次是鸭茅,比红三叶和多年生黑麦草稳定 ($P<0.05$);时间变异性最大,产量年与年之间波动最大的是多年生黑麦草(图 3-4)。

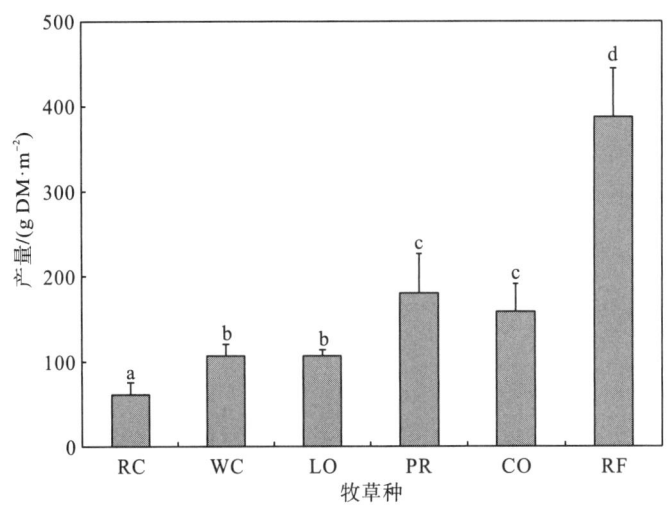

图 3-3 参试种种群产量 20 年平均数比较

注:RC,红三叶;WC,白三叶;LO,黑穗画眉草;PR,多年生黑麦草;CO,鸭茅;RF,紫羊茅

不同字母代表差异显著水平 0.05,下同。

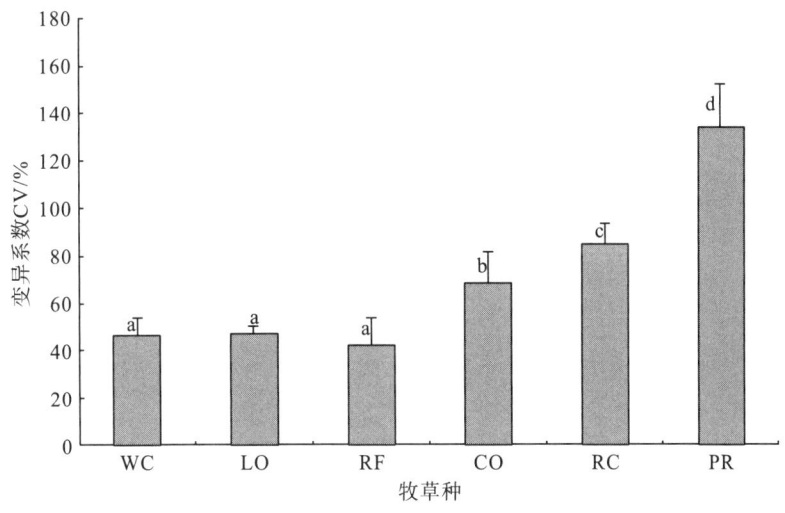

图 3-4 参试种种群变异系数 CV 比较

注：RC, 红三叶；WC, 白三叶；LO, 黑穗画眉草；PR, 多年生黑麦草；CO, 鸭茅；RF, 紫羊茅

在混播群落中各物种的生产力和稳定性差异明显，群落中各物种组分存在着时间尺度的差异。在草地建植初期比例高的物种有红三叶、多年生黑麦草；而长期稳定持久的物种是紫羊茅、白三叶、鸭茅；黑穗画眉草比例不高但稳定持久；鹅观草和无芒雀麦在混播中是最不稳定的物种。三叶草中，白三叶的产量和稳定性都明显高于红三叶。白三叶在不同的混播组合中以及在不同的草地年限都能保持稳定可靠的产量，而红三叶在草地建植初期产量较高，后期下降很快。红三叶与白三叶从利用年限的时间梯度上实现互补，保证了群落中豆科牧草比例的持久稳定。禾草中产量最高又最稳定的是紫羊茅，产量最低的是黑穗画眉草，产量变异性最大的是多年生黑麦草。物种产量和稳定性的差异性可能是由物种的结构和形态特点决定的。白三叶的生长点紧贴地表，不易被家畜损害；一个白三叶植株可产生很多的匍匐茎和分枝（王元素等，2012），从而形成一个由众多克隆构件组成的占据一定面积的体系。白三叶匍匐茎这种形成克隆体的能力有利于占据草地植被中动态的空斑（Gustine and Huff, 1999）。三叶草茎结构特征与抗旱性有相关性，乡土白三叶耐旱性最强。紫羊茅生长点密度大，适口性较差，容易逃避家畜的采食。而多年生黑麦草则与之相反，分蘖的个体比紫羊茅大得多，而且适口性又好，容易被家畜选择性采食。

四、混播组合群落组分时间动态及产量

混播组合中各组分的时间动态变化各有特点（图 3-5）。红三叶的比重总体上前高后低，最高比重在第 2 年到第 5 年阶段，占群落产量比重的 15%～35%，高于白三叶；从第 10 年开始，红三叶的比重变得相当低。白三叶在所有的组合中都是一个稳定持久的组分，除了建植初期的前 2 年和 1997 年占群落产量的比重低于 10% 以外，其余绝大部分时间都维持在 20% 左右。

多年生黑麦草在草地建植初期具有杰出的高产特性。在 RWPBR 和 RWPBG 组合中，在 1986 年的比重高达 90%以上，从 1987 年到 1992 年，在群落中都维持 30%～70%的高比重。随着草地年限的增加，比重下降较快，从 1995 年开始，比重已经很低，基本不超过 5%。

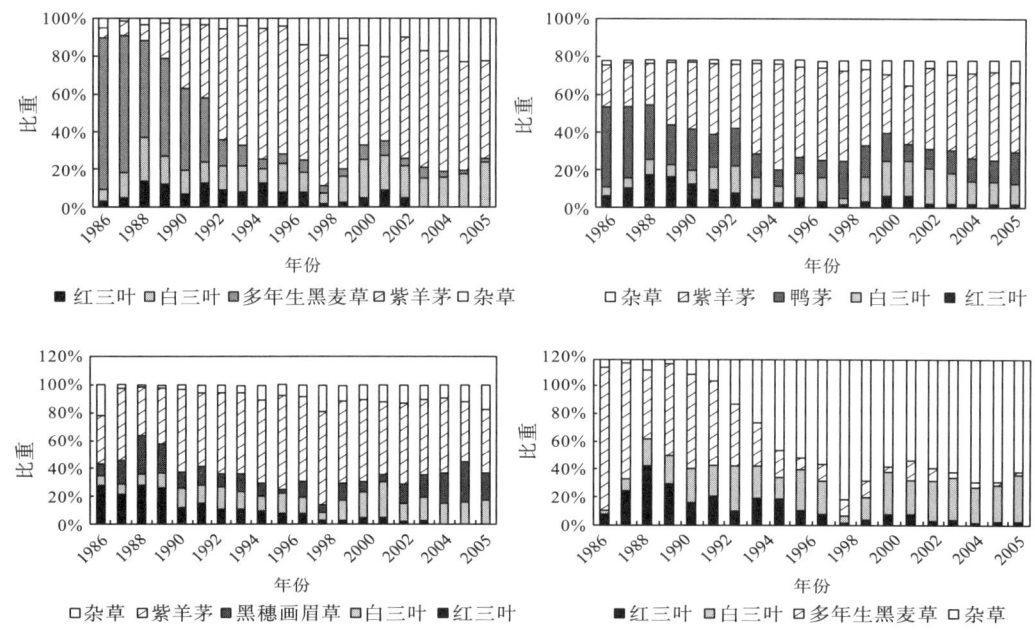

图 3-5 混播组分的时间动态

紫羊茅是一个稳定高产的禾本科牧草，在其参与的 3 个组合中，除了在初期比重低于多年生黑麦草外，都维持高而稳定的产量和比重，在绝大部分年限占群落产量的 50%～65%。鸭茅的产量也比较稳定持久，一直保持在 15%以上，在前 7 年更高达 30%以上。黑穗画眉草的比重虽然远不及紫羊茅和鸭茅，但表现得相当稳定，一直维持在 10%左右。杂草侵入量最大的是 RWPBG 组合，从 1994 年开始，所占比重就超过了 50%，且越来越大，在以后的不少年份都超过 70%。在其他 3 个组合中，杂草的比重都相当低，基本上不超过 10%。

从群落各组分来看，最稳定的组合是 RWLBR，20 年间波动最小，其次是 RWPBR 和 RWRBC 组合，栽培种总比例一直维持较高水平，杂草侵入量很小。动态变化最大的是 RWPBG 组合，组分变化大，杂草侵入严重。

第四节 红三叶混播草地群落对长期适度放牧的响应

红三叶是我国亚热带喀斯特地区最重要的刈牧兼用型豆科牧草之一。不少学者开展了利用强度对红三叶混播草地产量和形态结构等方面影响的研究，取得了一些重要结果

(蒋文兰,1991)。红三叶是短期多年生牧草,其生理寿命没有白三叶长。这可能是红三叶的栽培面积不及白三叶的主要原因。但是,红三叶含有丰富的高质量蛋白质(占干物质的25%~29%)(Brown et al.,2005),对改善肉奶等畜产品品质有重要的作用,在利用条件下的持久性研究是草地学家面临的课题之一。已有的研究多集中于建植后的2~5年,一般认为,适度利用有利于红三叶的种群产量和稳定(包国章等,2004),但没有回答究竟能持续多少年的问题。田间试验是生态学研究的三大方法之一,长期受控试验更是检验假说和模型的最佳手段(张大勇,2000)。在群落稳定性和持久性的研究中,一般采用模拟推导或者空间梯度代替时间梯度的方法,其结果往往得不到真正时间梯度上的检验与证明(Silvertown et al.,1994)。用温室实验得到的结果来推断自然条件下的群落动态必然存在很大的局限性(Gurevitch et al.,2002)。因此,在适度放牧利用条件下,开展红三叶与不同禾本科牧草混播的持久性研究,是草地生产和生态环境研究的必然要求。

群落稳定性的生态学研究一直缺乏动物利用条件下的长时间梯度田间试验,而混播草地的放牧利用年限是生态脆弱的南方喀斯特山区生态环境建设和资源可持续利用的关键问题之一。王元素等(2007)在贵州威宁灼圃示范牧场,用考力代绵羊轮牧,在牧前和牧后草地现存量(DM)分别为1800~2500kg·hm^{-2}(草层高15~18cm)和900~1200kg·hm^{-2}(草层高 3~5cm)的适度放牧利用条件下,对亚热带最常见的豆科牧草红三叶(*Trifolium pratense*)与禾本科牧草的两两混播草地的群落生产力和持久性开展长期研究。20年的研究结果表明,适度放牧利用下,群落地上总生物量长期稳定,各组合间差异不显著,适度放牧有利于牧草的生产力持久性,红三叶、鸭茅等都在群落中长期存在,群落净产量和持久性是尺度依赖的。

一、红三叶混播群落地上总生物量动态变化

红三叶与四个禾本科牧草的两两组合20年地上总生物量(栽培种+侵入种)的动态变化见表3-3。各处理的年均DM产量非常接近,在520~600g·m^{-2},差异不显著(P=0.082)。虽然前期以 V_{T+L} 最高,前5年DM产量平均为694.93g·m^{-2},但从20年的时间梯度上来说,群落地上总生物量有很好的稳定性和持久性。V_{T+D} 和 V_{T+E} 的变异性较小,其CV分别为22.61%和23.19%,而 V_{T+L} 和 V_{T+B} 相对较大,分别为29.40%和29.61%。

从时间段来看,混播群落建植初期产量波动大,例如 V_{T+L} 组合1986年地上总生物量(DM)为944.00g·m^{-2},1988年为509.67g·m^{-2},下降近一半;但到1989年又上升到659.00 g·m^{-2},增加29.3%。V_{T+D} 和 V_{T+E} 组合也表现出类似的变化。这可能是因为前期各混播种群之间竞争比较激烈;而当组分之间达到一定程度的"妥协"后,群落总产量就维持在相对稳定的水平。

表3-3 各组合地上总生物量动态变化 (单位:DM,g·m^{-2})

年份	V_{T+L}	V_{T+D}	V_{T+B}	V_{T+E}
1986	944.00±79.88	656.67±50.24	483.33±36.23	477.33±15.63
1987	685.67±90.63	600.33±54.37	538.00±23.90	616.00±15.13

续表

年份	V_{T+L}	V_{T+D}	V_{T+B}	V_{T+E}
1988	509.67±2.52	418.00±35.09	307.67±21.94	465.33±36.25
1989	659.00±17.52	435.67±13.87	425.33±38.44	425.33±5.69
1990	676.33±19.35	474.67±39.27	355.00±25.36	504.33±43.88
1991	444.67±29.40	414.67±59.28	342.67±29.28	418.00±26.51
1992	624.33±117.36	609.00±86.63	275.00±32.45	473.33±46.61
1993	544.00±63.38	519.67±62.63	442.33±44.86	573.00±13.00
1994	528.13±88.45	477.07±56.05	586.03±36.78	633.70±63.99
1995	821.67±60.01	782.00±85.08	875.67±62.88	927.33±43.50
1996	497.33±64.76	460.33±59.21	616.33±28.59	563.67±85.70
1997	658.00±35.04	612.00±56.51	783.00±74.91	698.00±90.95
1998	564.00±90.67	615.67±59.50	589.00±33.15	658.67±81.21
1999	730.67±18.72	756.00±16.82	658.33±74.00	730.33±63.26
2000	555.67±34.50	648.33±63.57	560.67±27.65	675.33±35.73
2001	427.33±22.50	509.33±27.06	598.67±33.53	628.00±16.52
2002	409.00±18.19	577.00±66.81	605.00±60.32	746.00±25.12
2003	329.33±36.02	500.67±46.70	506.33±45.65	668.67±90.28
2004	293.33±65.25	403.33±78.62	464.67±30.53	530.00±24.56
2005	428.67±33.50	575.67±101.44	470.67±82.95	437.33±91.53
平均值*	566.54	552.3	524.18	592.48
标准差	166.54	124.31	155.22	137.38
标准误	21.50	16.04	20.03	17.73
CV/%	29.40	22.61	29.61	23.19

* $F=2.261$，$P=0.082$

V_{T+L}: 红三叶+多年生黑麦草，V_{T+D}: 红三叶+鸭茅

V_{T+B}: 红三叶+无芒雀麦，V_{T+E}: 红三叶+黑穗画眉草，以下同

二、红三叶混播群落各组分地上生物量动态变化

群落地上总生物量是由栽培种红三叶和禾本科牧草以及侵入的杂草组成的，各处理虽然差异不显著，其组成成分比例却差异明显（表3-4）。由于红三叶从第11年开始比较稀疏，故群落各组分生物量从10年和20年两个时间段来分析。群落栽培种净DM产量（ANPP）10年期间年均值V_{T+L}、V_{T+D}和V_{T+E}处理接近，显著高于V_{T+B}（$P<0.05$），20年平均值以V_{T+D}最高，达353.30 g·m^{-2}·a^{-1}，占其群落总生物量的64%，显著高于其他组合（$P<0.01$）；其次为V_{T+E}和V_{T+L}，都占其群落总生物量的50%；最差的是V_{T+B}，仅占25%，也就是说，其群落总生物量绝大部分是侵入杂草。

红三叶在四个组合中的种子输入量一样，组合V_{T+E}和V_{T+P}的10年平均生物量输出显著高于组合V_{T+L}和V_{T+D}；而20年均值则未出现显著差异（$P=0.059$）（表3-4）。红三叶在时间梯度上的动态变化显著，在各个组合中的最高DM产量几乎出现在建植后第2年即1987年，随建植时间的推移而下降。从20年时间梯度上，红三叶种群产量动态变化

主要分为两个阶段(图 3-6),第一阶段为建植后的前 10 年,产量较稳定。比如在 V_{T+L} 中,红三叶产量在第 2 年达到高峰,为 264.33g·m^{-2},到第 10 年的产量仍为高峰年的 28.25%;从第 11 年开始,种群进入演替消失期,建植后第 12 年即 1997 年,在各组合中的 DM 产量均低于 50g·m^{-2}·a^{-1},对群落总产量的贡献率均不足 10%,逐渐呈现为零星稀疏分布。

在相同的种子输入比例下,10 年期间平均 DM 产量以多年生黑麦草和鸭茅的最高,其次为黑穗画眉草,无芒雀麦最低($P<0.05$)。而 20 年期间则鸭茅最高,为 275.3g·m^{-2}·a^{-1},极显著地高于其他禾草($P<0.05$);其次为多年生黑麦草和黑穗画眉草,而无芒雀麦最低,只有 20.46g·m^{-2}·a^{-1}。

杂草侵入量是衡量群落抵抗力的一个重要指标。四个处理的杂草侵入量以 V_{T+B} 最高(表 3-4),20 年期间为 393.38g·m^{-2}·a^{-1},显著高于其他组合($P<0.05$)。其次为 V_{T+L} 和 V_{T+E},杂草侵入量非常接近;而 V_{T+D} 组合的侵入杂草量最低($P<0.05$)。总的说来,杂草在每个组合中的侵入量随时间推移而逐渐增加。

表 3-4 群落组分生物量 Duncan's 新复极差测验的多重比较结果 (单位:DM,g·m^{-2}·a^{-1})

处理	红三叶		禾本科		侵入杂草		群落净产量	
	10 年	20 年	10 年	20 年	10 年	20 年	10 年	20 年
V_{T+L}	143.26b	79.98a	306.51a	191.91b	193.97ab	293.60b	449.79a	271.89b
V_{T+D}	132.37b	77.80a	305.20a	275.30a	101.21b	199.00c	437.57a	353.30a
V_{T+B}	199.37a	110.35a	37.38c	20.46c	226.35a	393.38a	236.75b	130.81c
V_{T+E}	207.09a	120.73a	172.44b	178.16b	171.84ab	294.65b	379.53a	298.88b
F	4.738	2.663	28.575	49.490	2.532	9.112	12.252	19.027
Sig.	0.004	0.059	0.000	0.000	0.060	0.000	0.000	0.000

注:同列中不同字母之间差异显著($P<0.05$)

图 3-7 显示了 4 个禾本科牧草生物量 20 年的动态变化情况。多年生黑麦草建植初期生长迅速,建植后第 1 年即 1986 年就达到 884g·m^{-2},对当年的群落总生物量贡献率高达 93.64%。多年生黑麦草初期的高产性是 V_{T+L} 组合在前 5 年群落总生物量和 ANPP 显著高于其他组合的主要原因。随时间的推移,多年生黑麦草产量下降,建植后第 11 年(1996 年)和第 20 年(2005 年),其产量仅为建植后第 1 年的 18.67%和 2.11%,对群落总生物量的贡献率也分别降低至 20.1%和 4.36%。鸭茅则是一个产量稳定持久的长寿种,建植后第 1 年的产量为 517.67g·m^{-2},占当年群落总生物量的 78.83%,第 10 年和 20 年仍然保持较高的产量,分别为建植后第 1 年的 48.36%和 49.32%,对群落总产量的贡献率也保持在 40% 左右。无芒雀麦的产量则一直较低,建植后第 1 年为 90.67g·m^{-2},第 10 年降至 4.78%,贡献率也从 18.78%降至 0.45%,几乎从群落中消失。黑穗画眉草与鸭茅类似,但产量和比例都较低。

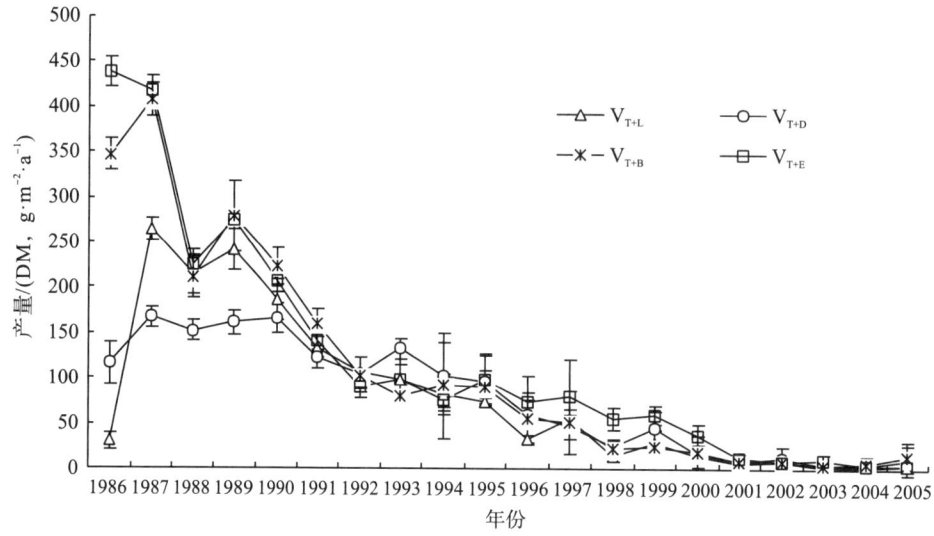

图 3-6 红三叶在不同混播中的年初级生产力动态变化

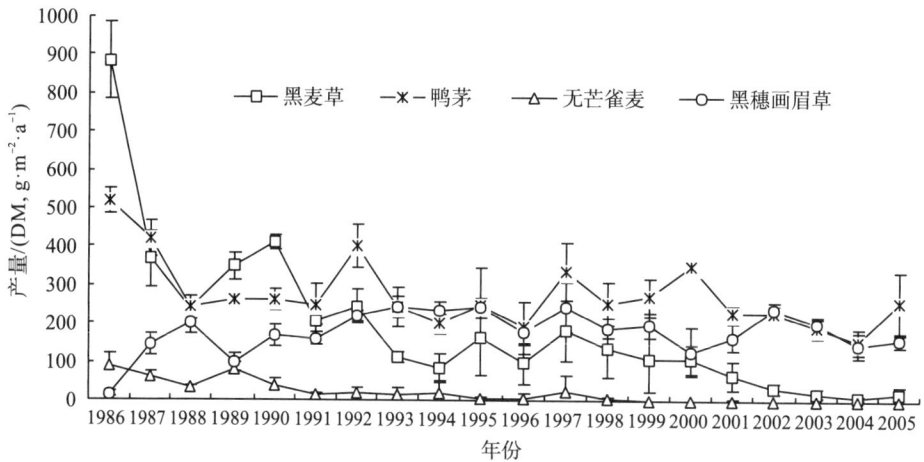

图 3-7 各组合中禾本科牧草产量动态变化

三、红三叶混播群落 20 年后群落物种构成

在放牧利用 20 年后的 2005 年 10 月 21 日即该年度最后一次放牧前，进行了群落植被盖度和密度调查（表 3-5）。结果表明，群落总盖度各处理都非常高，在 97.2% 以上；分蘖/生长点总数 V_{T+L}、V_{T+D}、V_{T+E} 三个组合非常接近，为 3000 个·m^{-2} 左右；而 V_{T+B} 的最高，这可能与栽培种无芒雀麦比重一直很低，并在放牧 10 年后即 1995 年从群落中基本消失，杂草大量侵入有关。

各组合中，栽培种盖度与密度有很大差异（表 3-5），从高到低依次为：V_{T+E}，53% 和 1250 个分蘖（生长点）·m^{-2}；V_{T+D}，42% 和 1001 个分蘖（生长点）·m^{-2}；V_{T+L}，10.3% 和 66 个分蘖（生长点）·m^{-2}；V_{T+B}，0.3% 和 2 个分蘖（生长点）·m^{-2}。相应地，侵入种盖度和密度

在 V_{T+B} 中最高，在 V_{T+E} 和 V_{T+D} 中最低。

表 3-5 适度放牧 20 年后各群落物种盖度与密度

种名		V_{T+L}	V_{T+D}	V_{T+B}	V_{T+E}
红三叶 T. pratense	盖度/%	0.8	1	0.3	0.6
	密度/[个分蘖(生长点)·m^{-2}]	2	3	2	3
多年生黑麦草 L. perenne	盖度/%	10.3	0.3		4.6
	密度/[个分蘖(生长点)·m^{-2}]	66	2		41
鸭茅 D. glomerata	盖度/%	11	42	8.7	10
	密度/[个分蘖(生长点)·m^{-2}]	25	1001	37	13
黑穗画眉草 E. nigra	盖度/%	19.7	12	17.6	53
	密度/[个分蘖(生长点)·m^{-2}]	80	111	192	1250
白三叶 T. repens	盖度/%	34.3	20	25	21.6
	密度/[个分蘖(生长点)·m^{-2}]	2133	1167	967	1033
紫羊茅 F. rubra	盖度/%	6.7	9	22	4.6
	密度/[个分蘖(生长点)·m^{-2}]	467	653	4466	400
圆草芦 P. arundinacea	盖度/%	8	10	17.6	
	密度/[个分蘖(生长点)·m^{-2}]	23	41	133	
草地早熟禾 P. pratensis	盖度/%	4.2			0.3
	密度/[个分蘖(生长点)·m^{-2}]	99			7
黄花茅* A. odoratum	盖度/%	2.3	1	2.6	1.3
	密度/[个分蘖(生长点)·m^{-2}]	104	3	45	30
点腺过路黄 L. hemsleyana	盖度/%	0.8	1.3	0.4	0.3
	密度/[个分蘖(生长点)·m^{-2}]	8	14	5	10
毛莲菜 P. hieracioides	盖度/%		2.6	2	0.3
	密度/[个分蘖(生长点)·m^{-2}]		14	15	2
灰苞蒿 A. roxburghiana	盖度/%	0.2			
	密度/[个分蘖(生长点)·m^{-2}]	1			
车前 P. asiatica	盖度/%			0.5	
	密度/[个分蘖(生长点)·m^{-2}]			1	
委陵菜 P. chinensis	盖度/%			0.5	0.2
	密度/[个分蘖(生长点)·m^{-2}]			1	1
盖度合计/%		98.3	99.2	97.2	98.2
分蘖(生长点)合计/(个·m^{-2})		3008	3009	5864	2790

*为灼圃示范场近 10 年来侵入凶猛的一种禾草，还不能确定种名

各栽培种中，黑穗画眉草的侵占力最强，在其他三个组合中盖度占 12%~19.7%，鸭茅和多年生黑麦草也分别侵入其他组合中，但鸭茅的盖度远高于多年生黑麦草。非栽培种中，多为适口性好的牧草，白三叶的侵占力最强，在各个组合中的盖度占 20%以上，

生长点也高达 967～2133 个·m^{-2}；其次是圆草芦和黄花茅。而适口性差的种如点腺过路黄、委陵菜、毛莲菜等侵入比例很少。

四、红三叶与禾草种间相容性分析

在适度放牧条件下，混播群落的地上总生物量在一定时间尺度内是一定的。本试验完整地反映了红三叶混播群落时间梯度上的动态变化，虽然各组分的生物量变化不同，第 20 年的分蘖/生长点总数也有差异，但四个组合的总盖度和 20 年年均地上总生物量没有显著差异，长期维持较高的水平。这对于生态脆弱的喀斯特地区有重要意义。

混播群落的稳定持久性主要取决于种间相容性。影响人工草地群落稳定持久性的因素主要包括环境因子、种间相容性和干扰三个方面（蒋文兰，1991）。本研究中环境因子（如气候和施肥等）和干扰（如放牧利用）基本在同一水平，因此群落净产量和各组分的变化取决于种间相容性。但种间相容性不是一个单一因子，而是由种间和种内的相互作用决定的，如果各组分的种间竞争都大于种内竞争，则遵循竞争排除法则；反之，则共存（Bullock，1996）。红三叶固定大气中的氮并供给禾本科牧草的生长，从这个意义上说二者之间至少是偏利关系，这是豆禾混播草地长期稳定的基础。但是，竞争是群落最基本的关系，虽然没有完全对称的竞争，但不对称竞争广泛存在（Begon，1984）。两个种形成的混播群落中，如果一个种群的竞争力太强，会引起另一个种群的消失，群落不稳定（Bullock，1996）。在红三叶与无芒雀麦组合中，可能由于红三叶的竞争力太强，或者红三叶分泌的化感物质，使无芒雀麦越来越少，数年后从群落中完全消失。

混播牧草组分生态位的分化与互补是群落稳定性的重要因素。红三叶与禾本科牧草之间的种间竞争主要是争夺光、水分和生存空间（Bullock，1996）。在营养资源的竞争方面，红三叶的种内竞争主要为磷素，而禾本科牧草的种内竞争主要是氮素（蒋文兰，1991），二者有明显的营养生态位分化。本研究中除建植前期外，只施磷肥，使禾本科牧草对氮素的需求依赖于红三叶的固氮作用。而且，二者之间存在时间生态位分化，禾本科牧草春季返青早，夏季生长快，而红三叶春末夏初生长迅速。红三叶的平行叶片与禾本科的直立叶片也构成空间生态位的互补。营养生态位的偏利关系以及时空生态位的分化，使二者的种内竞争皆大于种间竞争，从而实现了竞争共存。但红三叶与无芒雀麦同属较高大的上繁草，空间重叠多，不利于共存。

五、牧草适应性与竞争策略分析

牧草在混播群落中的持久性和生产力稳定性与其对放牧的适应性和在放牧条件下的更新能力有关。本试验中 5 个参试牧草的产量稳定持久性以鸭茅最高，其次为黑穗画眉草、多年生黑麦草和红三叶，最差的是无芒雀麦。放牧对牧草的影响，短期是叶片的采摘影响光合作用，长期是形态的适应性改变（Lemaire and Chapman，1996）。多年生牧草的分蘖（分枝）有营养分蘖和生殖分蘖两类。禾本科植物的生长点在假茎的基部，所有的新叶片和分蘖始于生长点（McDermott and Wang，2000）；家畜的放牧采食，影响了牧草生殖分蘖生长，使草地长期处于营养生长状态（Hodgson，1990）。在营养生长期内，生长点紧贴地表，因此能躲避牧食，并在放牧后快速形成新的分蘖（McDermott and Wang，2000）。当然，不同的牧草种和品种有所不同。包国章等（2004）在亚热带山区的研究表明，放牧条件下红三叶和鸭茅植物构型和小格局发生改变以适应家畜放牧采食。黑穗画眉草坚硬的叶鞘保护了生长点免受家畜踩踏和采食的损害。多年生黑麦草的生长点比大部分禾本科牧草的都低，尽管由于适口性好被家畜选择性采食，也能耐受放牧和刈割（Hodgson，1990），而且因适应草食者的采食而具有超补偿效应（Belsky，1992）。放牧有利于无性繁殖力强的牧草占领斑块而延长寿命，但对以有性繁殖为主的种则只有负面影响（Sheath et al.，1987）。红三叶为直立型，生长点比较高（在直立茎的顶部），放牧采食后许多生长点消失，新的分枝只能从根颈或根芽重新长出。属于长寿牧草的无芒雀麦，有研究表明其与红三叶的组合在刈割利用下有很好的生产力和稳定持久性（Gökkuş et al.，1999），在本研究中产量较低，而且存在了几年时间就从群落中消失。这可能是其无性繁殖能力较低，而高大的生殖枝在放牧利用条件下不易种熟，在竞争中处于劣势，最终被竞争排除。

牧草侵占力和生存策略与其在混播群落中的稳定持久性有关系，20 年混播草地栽培种侵占力最强的是黑穗画眉草，其次是鸭茅，而多年生黑麦草较低。Silvertown 等（1994）的研究表明，空间侵占可以减轻种间竞争的强度，有利于混播组分间的长期共存。在苗期，多年生黑麦草的种间竞争力大于红三叶，但不同品种间略有差异（费永俊和刘千春，2004）。单播 9 年的侵占力试验表明，多年生黑麦草侵占力大于鸭茅（蒋文兰和李向林，1993）。但鸭茅属于长寿牧草，分蘖能力很强，数年后可形成很大的丛群，而这种聚集分布加剧了种内竞争强度而减弱了种间竞争强度，造成种内竞争大于种间竞争，有利于共存（Silvertown et al.，1994）。黑穗画眉草在当地是广泛分布野生种，即使强放牧仍具有良好的落种自繁能力；而且喀斯特山区的土壤种子库含有大量的草本植物的种子，易于抢占动态的斑块（gap dynamics）。

六、红三叶混播群落的时间尺度

净初级生产力的稳定性是尺度依赖的。群落栽培种净产量（ANPP）10 年期间年均值 V_{T+L}、V_{T+D} 和 V_{T+E} 处理接近，显著高于 V_{T+B}（$P<0.05$）。而 20 年平均值以 V_{T+D} 最高，占其群落总生物量的 64%，显著高于其他组合（$P<0.01$）；其次为 V_{T+E} 和 V_{T+L}，都占其群落总生物量的 50%；最差的是 V_{T+B}，仅占 25%。前 10 年红三叶与多年生黑麦草的混播有很强的生产力，这与前人的结论一致。种植第 1 年，红三叶与多年生黑麦草混播时净生物量最高（Scheneiter et al.，1999），甚至前 3~4 年高于与鸭茅混播的。但从 20 年时间尺度来看，V_{T+L} 的群落生产力和稳定持久性不及 V_{T+D} 组合。有学者认为，红三叶与鸭茅的组合是不协调的组合，Prigge 等（1999）在鸭茅草地中补播红三叶，第 2 年红三叶占到群落组分的 50%，但到第 4 年又完全消失。这可能是在 Prigge 等的试验中，刈割+放牧使补播的红三叶对鸭茅的竞争处于劣势。另外，本试验 V_{T+B} 的不良表现也与 Gökkuş 等（1999）的结果不同。在不施 N 肥时，刈割利用下 V_{T+B} 5 年的干草产量显著高于单播和其他组合，可能是由于刈割对无芒雀麦的生长点的损害作用低于放牧采食的。V_{T+B} 麦混播草地奶牛放牧利用

一年，无芒雀麦的比例就下降到10%以下（Brummer and Moore，2000）。因此，混播草地生产力稳定持久性是时空依赖的，某一（些）条件的改变就会引起不同的稳定性表现。Illius 和 Hodgson（1996）指出，草地群落的稳定性是时间尺度敏感的现象（timescales-sensitive phenomenon）。

红三叶初级生产力受伴生禾本科牧草种的影响，这与其他人的研究结果吻合。本试验前10年的红三叶平均干物质产量，在组合 V_{T+B} 和组合 V_{T+E} 中显著高于组合 V_{T+L} 和 V_{T+D} 的。种植第1年，红三叶与多年生黑麦草混播时净生物量最高，但红三叶的比例低于与北美雀麦（*Bromus willdenowii* Kunth.）混播中的。在与菊苣（*Cichorium intybus*）混播时（Brown et al.，2005），红三叶第6年就从群落中完全消失。

20年的长期试验表明，混播群落的地上总生物量在一定时间尺度内是一定的。在绵羊适度放牧利用条件下，我国喀斯特地区红三叶混播草地群落总产量和群落总盖度可长期维持较高水平，有利于防止水土流失和石漠化。

第五节　白三叶与不同禾草永久性混播草地群落稳定性

白三叶是亚热带和温带种植最为广泛的豆科牧草之一，其与多年生黑麦草的组合被认为是放牧草地的经典组合，占新西兰人工草地的70%以上（Hodgson，1990）；在我国的亚热带和温带地区，也占有重要的地位（王元素等，2004）。因此，国内外不少学者以生产实践问题的解决或生态学理论与规则的探讨为目的，围绕白三叶/黑麦草混播草地群落进行了大量的研究，并取得了一些重要的成果（Donald，1963；王刚和蒋文兰，1998）。这些研究，或主要以短期的试验数据（1~5年）为基础，或以空间的梯度代替时间梯度建立模型，对种间竞争、种间相容性、群落生产力、群落组分和稳定性等方面进行模拟与预测。由于生态演替的长期性特点，研究中常用模型特别是理论模型（张大勇，2000）的模拟与预测结果，很难得到长期田间试验的检验与证实。而且有关种群与群落竞争的研究，很少在放牧利用条件下进行（Goldberg and Barton，1992）。再者，除多年生黑麦草外，亚热带和温带还有不少重要的禾本科牧草如紫羊茅、草地早熟禾（*Poa pratensis*）、无芒雀麦等，而对白三叶与这些禾草混播群落的相关研究则开展得很少。因此，在放牧条件下，开展白三叶与多种禾草的两两混播，对种间相容性、群落生产力和稳定性进行空间横向和时间纵向的长期系统的试验研究，对生产和生态有着重要的实践与理论意义。

王元素等（2014）在贵州省威宁县灼圃示范牧场，在适度放牧条件下开展了白三叶与多年生黑麦草、紫羊茅、草地早熟禾和无芒雀麦的两两豆禾混播群落的种间相容性、群落生产力和稳定性的研究。17年的研究结果表明，白三叶+紫羊茅组合最稳定。

一、白三叶混播群落产量的动态变化

四个组合中，17年平均群落 DM 产量（栽培种），白三叶+紫羊茅最高（502g·m^{-2}），显著高于其他处理（$P<0.05$）；其次为白三叶+草地早熟禾和白三叶+多年生黑麦草，分别为

393g·m^{-2}和353g·m^{-2}，最低的为白三叶+无芒雀麦，仅为239g·m^{-2}（表3-6）。

但前期以白三叶+多年生黑麦草的DM产量最高，1986年为827g·m^{-2}，显著高于其他组合（$P<0.05$）；随着时间的推移，产量下降较快。白三叶+紫羊茅、白三叶+草地早熟禾的DM产量则初期较低，然后逐渐增加，保持在相对平稳的水平，最高峰值都出现在1995年（播种10年后），分别为665g·m^{-2}和605g·m^{-2}；白三叶+紫羊茅到2002年仍维持566g·m^{-2}的较高产量，显著高于其他处理。白三叶+无芒雀麦处理产量最低，年平均239g·m^{-2}（表3-6）。

表3-6 白三叶与禾本科混播草地群落产量动态 （单位：g·m^{-2}）

处理	1986	1987	1988	1989	1994	1995	1996	1997	1998	1999	2000	2001	2002	年平均
白三叶+多年生黑麦草 T. repens+ L. perenne	827	484	301	486	334	373	296	222	212	329	281	210	233	353
白三叶+紫羊茅 T. repens+ F. rubra	375	662	287	594	522	665	493	503	382	574	495	410	566	502
白三叶+草地早熟禾 T. repens+ P. pratensis	249	344	320	459	345	605	483	460	306	505	383	310	337	393
白三叶+无芒雀麦 T. repens+ B. inermis	360	430	368	446	165	338	153	86.8	97	231	153	119	154	239

注：群落产量不包含侵入杂草；1990~1993年数据缺失

总体来看，混播群落建植前几年产量波动大，这可能是因为前期各混播种群之间竞争比较激烈。生态位理论认为，种间竞争使生态位分化，进而达到稳定共存。当组分之间达到一定程度的"妥协"，即占据一定的生态位后，群落产量就维持在相对稳定的水平。当然，气候变化也可导致年际产量的波动，这里未作进一步分析。

把17年各组合的干物质产量进行线性回归，得到时间梯度上的变化趋势（图3-8）。可以看出，白三叶+多年生黑麦草与白三叶+无芒雀麦组合的产量呈前高后低模式，即建植前期产量高，随时间的推移下降，但前者产量明显高于后者。而白三叶+紫羊茅和白三叶+草地早熟禾组合呈现平稳的趋势，即建植后产量在时间尺度上变化不大，而前者产量明显高于后者。

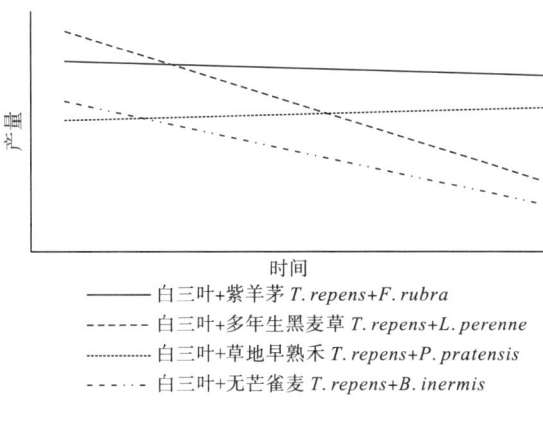

图3-8 各处理初级生产力17年的变化趋势

二、白三叶混播群落中种群比例与生物量的动态变化

在四个组合中,白三叶的比例在时间序列上,前期呈现增长趋势,第 1 年比例最低,然后逐渐增加,到 1989 年达到高峰后,1997 年又降低,然后保持相对稳定的水平(图 3-9)。与之相反,多年生黑麦草虽然出现两次从多到少的过程(1986~1996 年,1997~2002 年),但总体上呈现从高到低的模式。

各个群落的比例变化又有不同的特点(图 3-9)。白三叶+多年生黑麦草群落中,1986 年到 1997 年,多年生黑麦草从 95%下降到 33%,杂草侵入量则从 1%上升到 40%,而白三叶从 1988 年后维持在 30%左右的水平。白三叶+紫羊茅群落中的紫羊茅从 1986 年的 91%下降到 1988 年的 63%后,一直在 60%~74%小幅波动,而且杂草侵入量非常低,一直低于 1%。白三叶+草地早熟禾的变化与白三叶+多年生黑麦草相似,只不过变化幅度较小,杂草侵入量后期较低。白三叶+无芒雀麦群落的变化最大,无芒雀麦从 1986 年的 53%下降到 1996 年的 1%后完全消失,而杂草从 14%增加到 71%,恢复演替迅速。

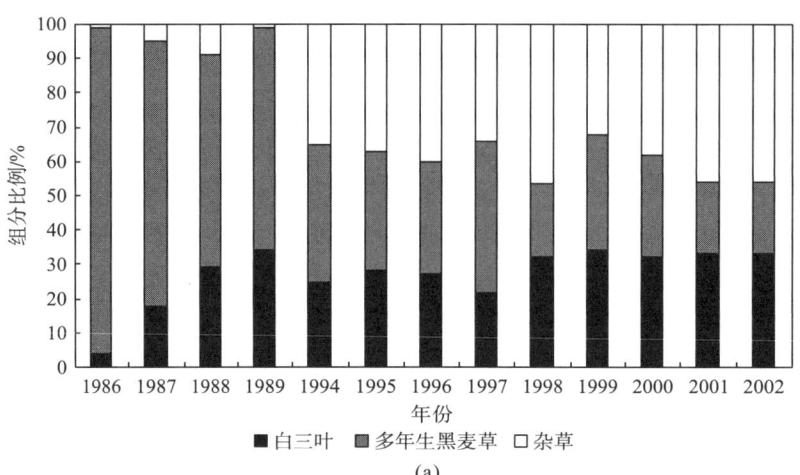

(a)

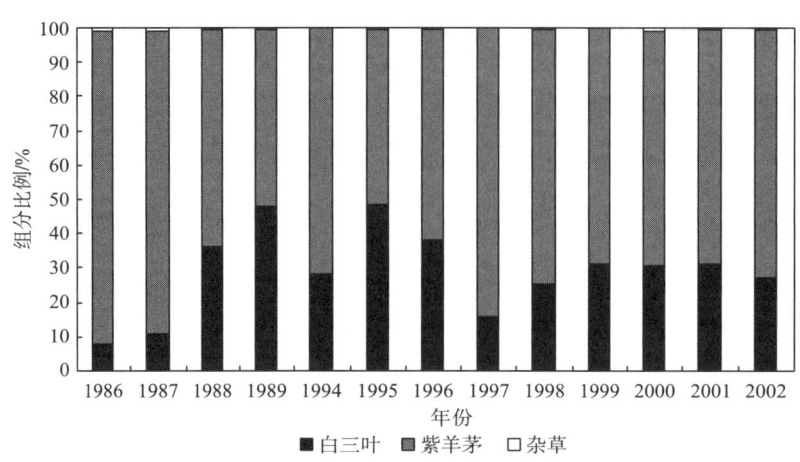

(b)

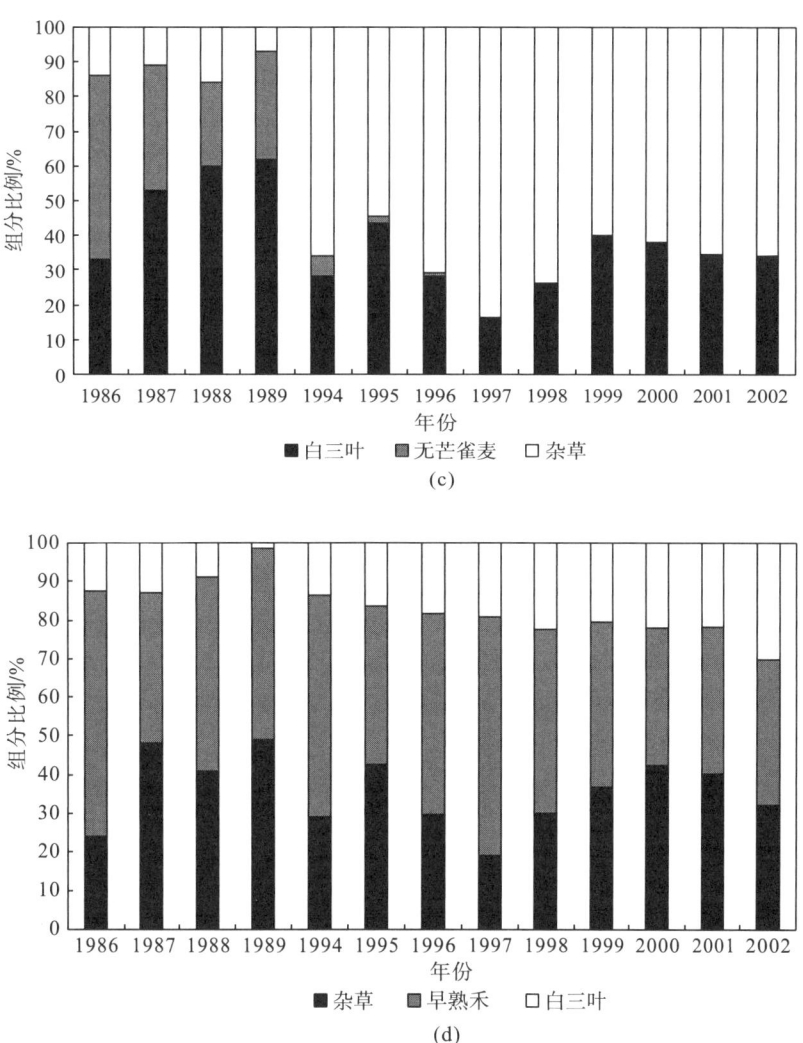

图 3-9　各处理群落组成百分比时间梯度上的动态变化

白三叶在各个组合中都表现出前低后高的增长模式，在不同的组合中产量不同。在白三叶+无芒雀麦和白三叶+草地早熟禾中的 DM 产量分别为 $185g \cdot m^{-2}$ 和 $170g \cdot m^{-2}$，与白三叶+紫羊茅和白三叶+多年生黑麦草相比差异显著，说明白三叶与无芒雀麦和草地早熟禾的竞争力较强，而与多年生黑麦草和紫羊茅的竞争力相对较弱。

禾本科组分的 DM 产量以紫羊茅最高（$352g \cdot m^{-2}$），极显著地高于其他禾草（$P<0.01$）；而多年生黑麦草和草地早熟禾的 DM 产量非常接近，极显著地高于无芒雀麦（$P<0.01$）。

牧草的生理寿命是决定牧草存活年限的因素之一，但在放牧利用下的混播组合中，生态寿命具有很强的可塑性。本研究中，多年生黑麦草和草地早熟禾属中短寿牧草，属于长寿牧草的白三叶、紫羊茅存活年限也一般为 10 年（陈宝书，2001），但都在混播群落中存活了 17 年。有学者认为，多年生黑麦草和白三叶不但具有良好的无性分蘖能力，经家畜适度采食后还能更好生长（Belsky，1992）。而属于长寿牧草的无芒雀麦，无性繁殖能力较低,其高大的生殖枝在放牧利用条件下不易种熟,在竞争中处于劣势,最终被竞争排除。有研究也表明,无芒雀麦竞争力最弱,第 4 年就从混播草群中消失。这也说明,只有种间相容性良好的组分才能实现长期共存。

三、白三叶群落杂草侵入量与群落抵抗力分析

杂草侵入量是衡量群落抵抗力和稳定性的一个重要指标。四个处理的杂草侵入量差异极显著($P < 0.01$),白三叶+无芒雀麦最高,与其他组合相比差异显著。侵入量最低的是白三叶+紫羊茅,17 年平均只有 $2.4g·m^{-2}$,几乎是栽培种组成的纯群落。各组合的抵抗力顺序为白三叶+紫羊茅>白三叶+草地早熟禾>白三叶+多年生黑麦草>白三叶+无芒雀麦(表 3-7)。

表 3-7 群落组分生物量 Duncan's 新复极差测验的多重比较结果

白三叶		禾本科牧草		侵入杂草	
处理	种群产量	处理	种群产量	处理	种群产量
白三叶+无芒雀麦 T. repens+B. inermis	185.3a	白三叶+紫羊茅 T. repens+ F. rubra	352.5A	白三叶+无芒雀麦 T. repens+B. inermis	241.7A
白三叶+草地早熟禾 T. repens+ P. pratensis	170.3a	白三叶+多年生黑麦草 T. repens+ L. perenne	222.5B	白三叶+多年生黑麦草 T. repens+ L. perenne	156.6B
白三叶+紫羊茅 T. repens+ F. rubra	91.2b	白三叶+草地早熟禾 T. repens+ P. pratensis	222.2B	白三叶+草地早熟禾 T. repens+ P. pratensis	81.4C
白三叶+多年生黑麦草 T. repens+ L. perenne	86.9b	白三叶+无芒雀麦 T. repens+B. inermis	53.5C	白三叶+紫羊茅 T. repens+ F. rubra	2.4D

注:同列不同小写字母间表示 0.05 显著水平,不同大写字母间表示 0.01 极显著水平

牧草侵占力可能与其在混播群落中的稳定性有关系,空间侵占可以减轻种间竞争的强度(Silvertown et al.,1994)。蒋文兰等(1993)9 年的研究表明,白三叶和多年生黑麦草有很强的侵占力;4 年的试验中,紫羊茅的侵占力最强,其次为多年生黑麦草和草地早熟禾(Silvertown et al.,1994)。本试验中,白三叶和紫羊茅良好的稳定性可能与其较强的侵占力有关,但草地早熟禾的稳定性却略高于多年生黑麦草,这可能是因为草地早熟禾在当地广泛分布野生种,强度放牧下仍具有良好的自种下繁能力。

四、白三叶群落种间相容性与竞争共存分析

混播组合 DM 绝对产量的高低由混播组分种群自身的生产力和组分种间相容性共同决定,而豆禾比例的稳定性则取决于组分种间相容性。在选定白三叶后,DM 产量的高低和时间序列的变化模式取决于禾本科牧草的生长模式和产量,多年生黑麦草组合前期高产,而紫羊茅组合持久稳产。1986 年白三叶+多年生黑麦草产量最高时,多年生黑麦草就贡献了 $794g·m^{-2}$,而 1996 年降到 $85g·m^{-2}$。

影响人工草地群落稳定性的因素主要包括环境因子、种间相容性和干扰三个方面(蒋文兰,1991)。本研究中环境因子(如气候和施肥等)和干扰(如放牧)基本控制在同一水平,种子输入量和豆禾比例也是一致的,因此,混播群落的稳定性主要取决于种间相容性,各处理产量动态的不同体现了种间相容性的不同。种间相容性是由种间和种内的相互作用决定的,如果各组分的种间竞争都大于种内竞争,则遵循竞争排除法则;反之,则共存(张大勇,2000;Bullock,1996)。

白三叶固定大气中的氮并供给禾本科牧草的生长,使禾本科牧草在不施氮肥的情况下依赖白三叶提供生长必需的氮,这是豆禾混播草地长期稳定的基础(Bullock,1996)。在营养元素利用竞争方面,白三叶的种内竞争主要为磷素,而禾本科牧草的种内竞争主要是氮素,二者有明显的营养生态位分化(蒋文兰,1991)。在时间生态位方面,禾本科牧草春季返青早,而白三叶夏初生长迅速(龙瑞军和王元素,2004)。营养生态位与时间生态位的分化,使二者的种内竞争皆大于种间竞争。紫羊茅、多年生黑麦草、草地早熟禾都与白三叶实现了竞争共存。

竞争是群落最基本的关系。白三叶与禾本科牧草之间要竞争光、水分和生存空间(于应文等,2003)。两个种形成的混播群落中,如果一个种群的竞争力太强,会引起另一个种群的消失,群落不稳定(李博,1999)。在白三叶+无芒雀麦中,由于白三叶的竞争力太强,使无芒雀麦越来越少,数年后从群落中完全消失。而在白三叶+紫羊茅中,二者竞争力相当,各组分在群落中的产出比例与其种子输入比例相符,表现出良好的种间相容性,群落长期保持稳定。

在捕食者的作用下,被捕食者之间存在着似然竞争(张大勇,2000)。在家畜的选择性采食下,白三叶与禾本科组分由于适口性有差异,必然引起似然竞争。白三叶在与四个禾本科牧草的两两组合中,与多年生黑麦草混播时的种群产量最少,这可能是多年生黑麦草的适口性好而引起似然竞争的结果。由于牧草的适口性是生产实践必须考虑的重要指标,尽管白三叶/紫羊茅的群落比白三叶/多年生黑麦草稳定,但后者却广泛地种植。

五、永久性人工混播草地群落稳定性的研究方法

de Wit 模型(1978)是最早提出来的研究混合种群的经典方法,其核心是在植物总密度保持不变的前提下,变化两个种的比例(种子输入比例),并以单种栽培作为对照。不足之处在于没有考虑植物种群密度和组分比例随时间的变化。混合双向试验是Trenbath(1976)提出的又一研究混播试验的方法,组分种群以所有可能的组合方式进行两两均衡搭配,并以各组分种群的单种栽培作为对照。不少学者在这些模型的基础上,建立和完善了各种预测模型(王刚和蒋文兰,1998;Bullock,1996;蒋文兰,1991)。模型有助于对竞争的理解,如周淑荣等(2004)把 Allee 效应引入两个物种在集群水平上的抽彩式竞争,研究了模型的动态行为。本试验开始时也考虑这些方法。但如果不进行人工除杂,禾本科牧草不每年施用氮肥,单种栽培种群难以维持多年。用短期的群落动态来模拟和预测长期的群落竞争结果,是一个普遍存在的问题(Silvertown et al.,1994)。而且,人工草地生态学的研究,应该考虑人工草地的农学特征和生产属性,如放牧利用特性,

白三叶与禾本科牧草的比例要维持在 1 :（2.5~3），否则不利于家畜的营养需要（如蛋白质）和健康（如臌胀病）（Hodgson，1990）。对十几年甚至几十年的长期混播草地的群落稳定性和种群竞争力的研究方法有待进一步的探索和完善。

第六节　百年足球运动场白三叶草坪群落稳定性

白三叶是重要的豆科牧草，同时也作为观赏草坪建植草种，其颜色深绿，覆盖地面能力强，在绿地草坪的应用中有着广阔的前景（陈宝书，2001）。但是，由于其柔嫩多汁的特性，很少用来建运动草坪。然而，贵州省威宁县一块以白三叶混播草坪为主的足球练习场却连续使用了 100 年。

英国传教士柏格理（Samuel Pollard）1900 年到 1915 年在贵州威宁一带传教，在石门坎苗族聚居地建立教会学校——石门坎中学，于 1905 年从英国带回白三叶、多年生黑麦草等牧草，于 1905 年到 1908 年建设了一块白三叶草坪、一个草坪足球场和一个足球练习场（向郢，2006）。其中，足球练习场一直使用至今。经文献检索，这是中国最早的运动草坪之一，也是中国西南使用年限最长的运动草坪。其群落持久性的研究，对我国运动型草坪的维护与管理，丰富牧草群落稳定性理论，有特殊的意义。

王元素等（2012）通过野外群落测定、温室培养形态学观测、遗传多样性分析等研究，对贵州省威宁县石门坎中学 100 年足球练习场的草坪群落持久性进行评价研究。结果表明，该群落结构良好，总盖度为 88%；白三叶单株叶数、生长点数、中叶长、中叶长宽比等形态学特征指标发生"回避"适应性进化，但等位基因数少，意味着年限长的白三叶种群以少数大克隆体占优势。本研究表明，白三叶可以用作普通足球场草坪，在适度利用条件下可长期保持稳定。

一、永久性白三叶草坪的群落特性

适度利用下，白三叶混播可以建造运动草坪，而且可以长期保持。监测结果表明，建植 100 年的白三叶群落，总盖度为 88%，其中，白三叶占 61%，多年生黑麦草占 17%，杂草（主要为平车前）占 10%。草层平均高度 9.8cm。草坪总体盖度良好，群落组分较合理（图 3-10）。

每平方米草坪地上生物量平均为 98 g，其中，白三叶 54g，占每平方米草坪地上总生物量的 56%；多年生黑麦草 30.3g，占 31%；杂草 13.7g，占 13%。

石门坎是威宁县最偏远的乡之一，距县城 120 多公里，交通闭塞。某学校有学生近 200 人，为走读生。不下雨的中午，少数学生就会到运动场踢足球，其他时间和下雨天则无人，形成了事实上的"中度干扰"。另外，每年的寒暑假期也给草坪提供了恢复休整时间，有的种子自熟落种。

图 3-10　1905 年建设的足球练习场和群落现状

二、建植 100 年的白三叶形态学特性分析

开始分枝即 80 日龄的单株叶片数平均值为 8.02 片,但种群内的变异系数高,单株叶片数最多的是最少的 16 倍(表 3-8)。

表 3-8　白三叶形态学数量性状分析

项目	植株个体数	平均值	标准差	变异系数	最小值	最大值
80 日龄叶数/(片·株$^{-1}$)	48	8.02	5.44	67.82	2	32
150 日龄叶数/(片·株$^{-1}$)	47	19.77	13.07	66.13	2	64
中叶长/cm	47	0.83	0.20	23.72	0.50	1.30
中叶宽/cm	47	0.80	0.19	23.93	0.50	1.20
长宽比	47	1.04	0.08	7.31	0.89	1.20
叶高/cm	47	4.80	1.31	27.36	2.40	7.90
生长点/(个·株$^{-1}$)	47	4.87	3.14	64.42	1	16
分枝长/cm	47	7.78	10.81	138.87	0.00	47.50

到 150 日龄时,单株叶片数与 80 日龄时有所不同。但种群内变异系数仍然很大,最多株是最少株的 32 倍。

中叶长宽比主要用来描述叶片的形状。长宽比值为 1.04,说明叶长大于宽,为椭圆形。

每株的生长点个数平均值为 4.87,但种群内的变异系数很大(64.42%),

单株匍匐茎长度用来显示白三叶的侵占力和地上生物量。最短的一株还没有分枝,而最长的已经达到 47.50cm,说明种群内个体之间差异非常大。

图 3-11 直观地表现了白三叶的形态学特征。温室培养 180 日龄,分枝多、匍匐茎长,叶片茂密、斜生。

图 3-11　建植 100 年白三叶温室培养

与同等研究条件下的其他年限的白三叶相比(李莉等,2010),单株叶数、生长点数、中叶长、中叶长宽比以及种群内个体之间变异性随着年限的增加而增加,而叶层高度、中叶宽则下降。这是白三叶为适应踩踏而产生的形态学变化。在长期放牧下"回避"型植物呈垫伏状,"回避"机制可能比"忍耐"机制更有效(Detling and Painter,1983)。本土白三叶由于长期进化,叶片小,乡土三叶草的耐寒性、抗旱性强于进口三叶草,抗逆性强,绿色期延长 10~20d(于凤芝等,2010)。白三叶在长期与黑麦草的混播中进化了化感机制,分枝期白三叶根浸液对黑麦草发芽率和幼苗生长具有显著的抑制作用,而成熟期白三叶的根浸提液对黑麦草发芽率及根长均具有极显著的促进作用(赵彦华和黄高宝,2007),这种化感机制有利于白三叶种群和伴生种的长期保持。

三、建植 100 年的白三叶遗传多样性分析

从图 3-12 可以看出,建植 100 年白三叶只出现了 8 个等位基因,其中等位基因 K 出现频率最高,为 32.26%,其次为基因 E,出现频率为 16.13%。

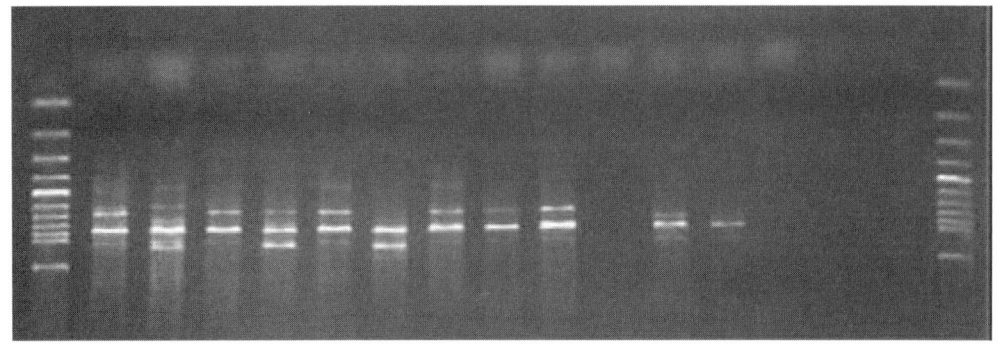

图 3-12　建植 100 年白三叶 RAPD 标记

一般研究认为，遗传多样性高有利于种群稳定(van Treuren et al., 2005)，而本研究的白三叶等位基因数较低，这可能是一个白三叶植株可产生很多的匍匐茎和分枝，从而形成一个由众多克隆构件组成的占据一定面积的体系。这样的克隆斑块可占据数平方厘米到数平方米(Gustine and Sanderson, 2001)，经过 100 年的变迁，白三叶种群很可能由少数的大克隆体占统治地位。另外，石门坎乡位置偏远，距离威宁县城 125 公里，交通极不发达，白三叶基因漂变融合的机会较小。

第四章 草地利用制度与群落稳定性

第一节 土地不同利用方式植被组分与土壤理化特性的变化

云贵高原属亚热带气候,雨量充沛,气候温和,雨热同期,适合大多数优良牧草生长,有着发展集约化草地畜牧业得天独厚的自然条件。但是,由于人口压力等原因,传统农业把天然草地开垦为作物地,造成严重的水土流失,加剧石漠化程度,产生严重的生态问题;贫困加剧,陷入越穷越垦、越垦越穷的恶性循环。不少学者提出草地畜牧业是喀斯特地区解决经济发展与生态保护协调发展的有效战略(任继周,1984),但缺乏长期系统的比较研究数据。

贵州威宁灼圃示范牧场面积467余公顷,核心场$67hm^2$。在1980年飞播以前,大部分是轮闲地,土壤理化特性和植被类型基本一致。如今,除了1983~1985年建植的豆科/禾本科优质混播草地外,还保留着一定面积的天然草地。草场的边缘是农户过牧造成的过度退化草地,毁草开垦后严重退化的弃耕地,植被严重破坏后形成的水土流失地,草地外是作物地。经过20多年的变化,这些原本基本一致的土地现在不论是植被还是土壤,都发生了较大的变化。这为土地在不同利用下植被演替和土壤理化特性变化的研究提供了材料。

王元素等(2007)在灼圃示范牧场开展了土地不同利用方式对植被组分与土壤理化特性影响的研究,结果表明,群落的盖度、密度、生物量等特性以及土壤全N、有机质、有效N、速效P、速效K等土壤理化指标依适度利用草地—退化土地—水土流失地的梯度而下降。

一、研究方法与试验设计

试验在贵州威宁灼圃示范牧场进行。

中度利用人工草地(artificial pasture),1985年建植的白三叶/多年生黑麦草/鸭茅混播草地,考力代绵羊轮牧。常年载畜量为12~15个羊单位·hm^{-2},轮牧周期夏秋季牧草生长季节20~30天,冬春季40~50天。牧前草地现存量1600~2500kg DM·hm^{-2}(草层高度15~18cm),牧后草地现存量900~1100kg DM·hm^{-2}(草层高度3~5cm)。每年施钙镁磷肥500~750kg·hm^{-2},以维持白三叶的良好生长,并通过其固定大气N来满足牧草生长的N素需要,所以基本上没有施用N肥。

中度利用天然草地(native pasture),家畜在人工草地放牧后,会不定期地光顾,使其受到一定程度干扰。

退化土地(degraded land)。有两个来源:一是20世纪80年代农户把草场边缘草地开垦为作物地,由于担心被收回,只耕种不投入,连起码的种肥也不施,几年下来已相当贫瘠,只得弃耕。经过 10 余年的恢复,只有耐瘠薄的低矮禾草。二是草场边缘被农户经常过牧的草地,退化严重。

水土流失地(eroded land),植被被完全破坏后,发生严重的水土流失,基质裸露,几乎无植被覆盖,泥漠化和石漠化。主要是坡度大的天然草地被开垦为耕地后造成的,长到 8~10 年,短则 2~3 年。

作物地(crop land),草场周围农户最好的玉米地(在当地,只有最好的土地才能种玉米)。每年施肥量:圈肥 30 000kg·hm^{-2},钙镁磷肥 500~750kg·hm^{-2},尿素 500~600kg·hm^{-2}。

监测方法:盖度,针刺法;密度,单位面积的分蘖数(禾本科)和生长点个数;产量,齐地面剪取。作物地没有测定植物指标。

土样分析:1985 年 4 月和 2006 年 4 月进行了 2 次土样分析,植物返青前进行。目标地块各采用对角线法取 0~10cm 深土样,混合后捡去石块杂质,风干后重复二分法剩 500g 左右用于实验室分析;同时测定地下生物量,三次重复。土样分析理化指标有:有机质、全 N、有效 N、速效 P、速效 K。

二、土地不同利用方式对盖度、密度和生物量的影响

喀斯特地区土层薄,季节降雨量大,生态脆弱,土地利用方式和强度的不当,就可导致严重的水土流失问题。长期不同利用方式下土壤理化特性和群落功能指标的研究结果表明,适度利用的人工草地和天然草地是最稳定持久的群落。

经过 20 余年的持续利用,不同管理模式下的植被盖度和密度有很大的不同(图 4-1)。适度利用下的人工草地和天然草地仍然保持 90%以上的盖度,显著高于其他类型($P<0.05$)。过度利用的退化土地有 30%以上的裸露地表,而严重过度利用形成的水土流失地盖度已不足 10%,土壤基质裸露。

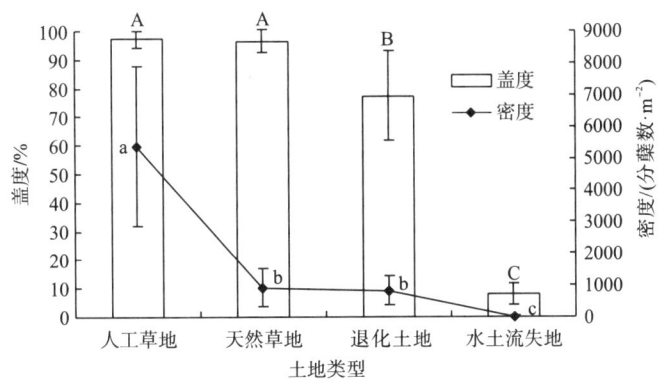

图 4-1 不同类型土地的盖度和密度

柱形:盖度。线形:密度。不同大写字母表示盖度的显著水平 0.05,不同小写字母表示密度的显著水平 0.05。作物地未测群落指标

密度以人工草地的最高，是其他类型的 3 倍以上；天然草地和退化土地的密度相近，而水土流失地密度相当稀少，不足人工草地的 1%。虽然密度和盖度是不太敏感的指标（Adler et al., 2001），受生物和非生物多方面综合因素的影响，但严重退化的水土流失地不论盖度还是密度都远远低于人工草地和天然草地，已经丧失了土地资源功能。人工种植的白三叶与多年生黑麦草有很强的无性繁殖能力，匍匐茎（枝）不但能有效地避免动物采食的伤害，而且在家畜适度采食下具有超补偿效应（Belsky, 1992）。

正常利用的草地和退化土地之间地上生物量和地下生物量都有显著的差异（图 4-2）。适度利用的人工草地和天然草地的生物量没有显著差异，地上生物量和地下生物量分别为 $180\sim250$ g DM·m^{-2} 和 $900\sim1400$ g DM·m^{-2}。这是一次测定的数字。如果以全年的产量来看，人工草地应该比天然草地的高。人工草地一年要利用 $5\sim7$ 次，而天然草地只能利用 $3\sim4$ 次。退化土地的地上生物量和地下生物量只有正常草地的 10%，而严重退化的水土流失地则不足 1%。

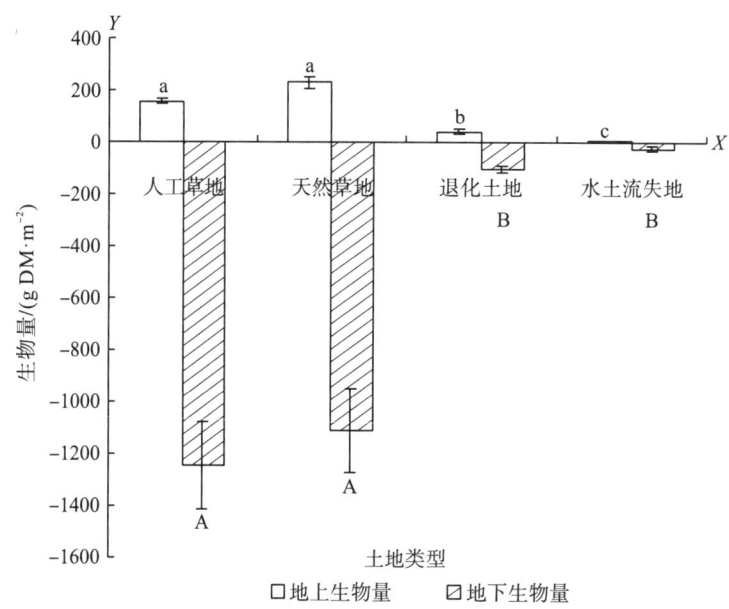

图 4-2　不同类型土地的地上与地下生物量

Y 轴上 0 以上表示地上生物量，0 以下表示地下生物量，"－"这里并不表示负数。不同字母表示差异显著水平 0.05

适度放牧下的人工草地和天然草地的盖度高达 90%以上，地上生物量与地下生物量也显著高于其他处理。白三叶与多年生禾本科牧草的混播草地中，白三叶叶片平行，禾本科牧草叶片直立或斜生，二者之间互补，从而形成稠密的草层（Hodgson, 1990）。天然草地以适应性好的多年生禾草为主，辅以蓼科、莎草科等草本植物，草层高而密。退化土地优良植物已经消失，以低矮恶性杂草为主，草层单一。水土流失地的表土已经流失殆尽，基质裸露，植物难以生存和生长。

三、土地不同利用方式对土壤理化特性的影响

与 1985 年相比，2005 年土地不同利用方式和强度下土壤理化指标变化各异（表 4-1）。总的来看，人工草地和天然草地的变化不大，部分指标有改善。其中，有机质和全 N 基本保持不变，有效 N 下降，而速效 P 和速效 K 分别增加了 5 倍和 2 倍；人工草地 pH 略增，而天然草地有轻度酸化。

表 4-1 试验开始与结束时的土壤理化指标

项目	有机质/%	全 N/%	有效 N /(mg·kg^{-1})	速效 P /(mg·kg^{-1})	速效 K /(mg·kg^{-1})	pH	含水量/%	容重
1985 年综合取样	3.48	0.25	54.69	2.00	58.33	5.10	—	—
2005 年								
人工草地	3.611a	0.249a	29.951b	15.890a	110.340a	5.343b	0.308b	0.833a
天然草地	3.793a	0.242a	37.040a	10.353ab	109.900a	4.557c	0.383a	1.013b
退化土地	2.560b	0.154b	22.236c	5.390c	77.500ab	4.653c	0.303b	0.943bc
水土流失地	1.813c	0.077c	14.860d	3.513c	44.533b	4.407c	0.263c	1.247d
玉米地	2.796b	0.237a	17.050c	6.390c	110.230a	6.160a	0.243c	1.077bc

注：同栏中平均数后不同字母表示差异显著水平 0.05

2005 年退化土地和水土流失地的土壤理化特性明显退化和恶化，有机质比 1985 年下降了 30%～50%，全 N 则分别下降了 20% 和 70%，有效 N 分别下降了 59% 和 73%，pH 减少了 0.45 和 0.69。速效 P 有所增加，速效 K 变化幅度不大。

玉米地平坦，且由于每年大量施肥，精耕细作，土地理化特性恶化不显著。与 1985 年相比，2005 年土壤有机质、全 N 和有效 N 分别下降了 20%、5% 和 69%；速效 P、速效 K 和 pH 有所增加，其中 pH 增加了 1.06。

2005 年不同土地类型的土壤理化指标差异明显。人工草地的有机质、全 N、速效 P、速效 K 与天然草地没有明显差异；但天然草地 pH 显著低于人工草地的，而土壤含水量和土壤容重又显著高于人工草地的。

就各主要指标而言，人工草地和天然草地的有机质含量最高，显著高于其他类型（$P<0.05$），其次是退化土地和玉米地，水土流失地的最低，只有草地的一半。全 N 含量草地和玉米地的最高（$P<0.05$），水土流失地的最低，只有草地的 30%。速效 P 以两类草地的最高，显著高于其他三种土地。速效 K 含量比较一致，只有水土流失地的显著低于其他类型的。pH 最高的是玉米地，其次是人工草地，而天然草地、退化土地和水土流失地都明显偏酸。土壤含水量以水土流失地和玉米地的最低（$P<0.05$）。土壤容重最轻的是人工草地，其次为天然草地、退化土地和耕地，水土流失地的最高，比人工草地的多 50%。

总体而言，草地（人工和天然）的土壤理化特性良好，其次是玉米地和退化土地，而水土流失地的各项指标都显著恶化。草地不但盖度和地上生物量高，能有效地减少地表

径流，而且丰富的根茎有效地保护了土壤，大大降低了水土流失量(蒋文兰等，1996)。草地根系还有效地改善了土壤结构。本研究的人工混播草地根茎量与前人的研究一致，Vinther(2005)研究表明，利用强度较低的白三叶与多年生黑麦草混播草地中，白三叶根茎量为200～500g DM·hm^{-2}，多年生黑麦草根茎量从建植当年的2400g DM·hm^{-2}增加到10200g DM·hm^{-2}；另外，三叶草混播草地固氮量范围为28～214kg N·hm^{-2}，并且能提高土壤有机质含量，改善土壤团粒结构。必须指出，玉米地的土壤理化指标与20年前相比总体变化不显著，是建立在大量的施肥水平基础上的，而且坡度小，精耕细作。如果没有这些措施，玉米地每年都要翻耕，且覆盖度远低于草地，水土流失的风险很大。

四、土壤养分与群落特征之间的关系

植物与土壤之间存在着紧密的关系，植物个体和植物物种之间对土壤有限养分的竞争，是影响植物群落物种组成和群落动态的关键因素(Bedford and Aldous，1999)。由表4-2可以看出，土壤养分与群落功能指标有显著的正相关关系，其中，土壤有机质、全N、有效N与群落的盖度和产量之间有极显著的正相关关系($P<0.001$)，速效P和速效K与盖度和产量之间正相关显著($P<0.05$)。

表4-2 群落特征与土壤养分之间的关系

土壤养分	群落特征	R^2	P
有机质	盖度	0.819	<0.001
	密度	0.429	0.076
	产量	0.874	<0.001
全N	盖度	0.927	<0.001
	密度	0.630	0.010
	产量	0.868	<0.001
有效N	盖度	0.749	<0.001
	密度	0.140	0.580
	产量	0.907	<0.001
速效P	盖度	0.589	0.010
	密度	0.559	0.016
	产量	0.585	0.011
速效K	盖度	0.755	0.001
	密度	0.437	0.071
	产量	0.792	0.001
pH	盖度	0.501	0.034
	密度	0.779	0.001
	产量	0.354	0.150
含水量	盖度	0.535	0.022
	密度	0.118	0.640
	产量	0.741	<0.001

续表

土壤养分	群落特征	R^2	P
容重	盖度	-0.869	<0.001
	密度	-0.686	0.002
	产量	-0.501	0.015

土壤物理性质同样影响着群落的特征。pH 与群落盖度和密度之间正相关关系显著，但与产量无显著相关关系。土壤含水量与群落盖度和产量显著相关，而与密度之间不显著。土壤容重则与群落各功能指标都有显著的负相关关系，即容重越小，群落表现越好。群落各指标中，密度与土壤养分的相关性不显著，与有机质和有效 N 之间都没有显著的相关关系。

土壤养分与群落功能指标有显著的正相关关系，土壤有机质、全 N、有效 N 与群落的盖度和产量之间有极显著的正相关关系，速效 P 和速效 K 与盖度和产量之间正相关显著。这实际上与承载力 K 值有关，土壤养分越高，K 值越大。这一结果与刘忠宽等(2006)的结论相似，其研究发现，草地植物群落的生物量、群落高度、群落盖度和群落物种多样性与土壤养分表现出一致的正相关关系，但只有植物群落生物量和群落高度与土壤有机质、全 N、无机 N、土壤有效 P 和有效 S 显著相关。土壤有效养分成为影响植物生长和群落结构的关键因素，这与植物主要吸收土壤养分的有效形式有关(Bedford and Aldous，1999)。

群落的盖度、密度、生物量等特性以及土壤全 N、有机质、有效 N、速效 P、速效 K 等土壤理化指标依适度利用草地—退化土地—水土流失地的梯度而下降，土壤容重增加。周华坤等(2005)研究表明，群落地上生物量在轻度退化阶段最高，在极度退化阶段最低；随着退化程度加剧，植物根系量越来越少，而土壤有机质、速效 P、速效 K 以及湿度等减少，土壤容重增加。土壤有机质是形成土壤结构的重要因素，直接影响土壤肥力、持水能力、土壤抗侵蚀能力和土壤容重等，是土壤特性的重要指标之一，有机质减少是土壤退化的重要表现(Dormaar et al.，1990)。

第二节 草地基本利用方式对草地稳定性的影响

放牧和刈割是草地利用的两种最基本方式。利用方式主要影响牧草植物的生长、植物成体的存活以及繁殖方式和繁殖率。利用方式不同对草地群落组分的影响也不同。总的来讲，家畜对草地土壤和植物有踩踏作用，放牧对牧草繁殖率存在负面影响(Bullock，1996)，但与刈割相比，放牧可通过采食和粪尿排泄返还并重新分布草地养分(Menneer et al.，2004)。刈割与放牧适当结合草地产量最高，不同季节的放牧对产量有不同影响(Prigge et al.，1999)。已有的研究多集中于放牧强度或者刈割频率对草地组分、产量或植物再生能力的影响，对长期不同利用方式对草地群落的影响还缺乏系统的比较研究。

一、放牧对草地的影响

除前述研究关于放牧对草地的影响外，草食动物通过采食、践踏和排泄物返还等直接或间接地改变草地植物群落结构、土壤理化性质和营养循环过程，最终影响草地群落的稳定性和生态系统的结构和功能。践踏具有作用时间长、直接作用的草地组分多和效果持久的特点。家畜践踏损伤牧草、埋实种子、促进萌发，减少凋落物的现存量，增加土壤的紧实度、容重，降低土壤孔隙度、水稳性团聚体、透水性和透气性，导致雨后水涝和植物根区缺氧，引发水土流失(侯扶江等，2004)。

家畜采食引起草地植物物种多样性的变化。牛羊混牧能够缓解植物生长的光限制作用以及来自禾本科植物的竞争压力，具有促进植物种多样性增加的趋势，绵羊对食物的选择性较强，会优先采食具有较高营养物质含量的杂类草。因此，羊单牧会对草地植物多样性产生负面影响。放牧和降水量变化均会对草地植物地上现存量产生显著的影响。尽管草食动物采食行为引起的去叶作用，能够刺激植物进行补偿性生长，可能会部分地、甚至完全地弥补损失的地上生物量。但是补偿性生长所起到的作用要受到时间和资源的严格限制(王镜植，2017)。不同季节的放牧对草地产量有不同影响(Prigge et al.，1999)。

家畜通过采食和粪尿排泄重新分布草地养分。粪尿主要集中于饮水点、补饲点、围栏小区进出口等地点，增加了草地异质性(Menneer et al.，2004)。适当放牧有利于粪尿和枯落物的养分归还，夏季放牧比冬季放牧更有助于粪尿和枯落物分解，枯落物物种多样性高有助于养分归还(陈皓，2015)。不同的草食动物对土壤氮矿化的影响不同。草食动物种类与草地土壤净氮矿化速率之间存在着密切的联系。牛单牧能够提升土壤净氮矿化速率，羊单牧则会抑制氮的矿化，无论放牧哪种动物，土壤无机氮含量都会增加，说明草食动物排放的粪便会弥补因氮矿化速率下降减少的土壤无机氮(王镜植，2017)。

二、刈割对群落稳定性的影响

与放牧相比，刈割具有以下特点(龙瑞军和王元素，2004)：第一，家畜放牧有选择性，而刈割没有选择性，凡是割草刀片以上的植被全被割除。第二，土壤养分损失大，放牧家畜以粪尿形式将养分返还给土壤，而刈割以饲草的形式带走草地养分，没有直接返回。第三，采用机械割草时，刈草机对地面的压力也与家畜蹄子的压力不同。在田间条件下，频繁而密集地割除植物地上部分，使叶面积长期处于低水平而接收的阳光不足，影响牧草的生长。刈割以后根部和其他贮藏器官的养料和碳水化合物的含量立刻减少。在土肥条件和气候条件好的地区，有的牧草如白三叶，随着刈割次数增加，可提高牧草质量；质地较粗糙的牧草或优良牧草生殖生长后老化枯死物多时，在多次刈割下，牧草粗蛋白质、粗灰分含量增加，无氮浸出物和粗纤维素含量降低，各种营养物质的消化率得到提高。刈割留茬高度不但影响牧草生长速度，还影响牧草质量(瓦庆荣等，2000)。

第三节 草地利用制度对群落稳定性的长期影响

放牧和刈割是人工草地的两种最基本利用方式。草地利用主要影响牧草植物的生长、植物成体的存活以及繁殖方式和繁殖率。利用方式不同对草地群落组分的影响不同。刈割利用下白三叶产量高,而放牧利用下多年生黑麦草的产量高(Williams et al., 2000)。刈割与放牧适当结合产量最高,也有利于草地群落的稳定持久。

三叶草混播草地已经成为我国南方喀斯特山区最主要的人工草地(蒋文兰,1991),在中度轮牧条件下可连续利用20多年(王元素,2014)。由于该地区生态环境脆弱,植被盖度和密度对防止水土流失、防治石漠化并进而实现草地资源的可持续利用有重要意义。李莉等(2010)在威宁灼圃示范牧场对不同利用方式下20多年的白三叶混播类型的盖度和密度进行调查与监测,研究利用方式与群落稳定持久性的关系,结果表明,草地利用方式和混播组合对群落特性的长期影响不同。

一、试验设计与方法

灼圃示范牧场于1980年飞播,1983年到1985年进行大面积的人工播种。最常见的混播组合是白三叶+多年生黑麦草和白三叶+鸭茅。从1986年开始,整个示范牧场实行轮牧制度,根据生产单元和管理实际的需要把整个草地分为绵羊单元、肉牛单元和刈割地单元。所有草地都制订中度利用的草畜指标,以防止草地过度利用或者利用不足。

草地管理:放牧草地,考力代绵羊,黑白花与本地黄牛杂交肉牛。常年载畜量为 $12 \sim 15$ 个羊单位·hm^{-2},轮牧周期于夏秋季(牧草生长季节)为 $20 \sim 30$ 天,于冬春季为 $40 \sim 50$ 天。牧前草地现存量 $1600 \sim 2500 kg\ DM·hm^{-2}$(草层高度 $15 \sim 18 cm$),牧后草地现存量 $900 \sim 1100 kg\ DM·hm^{2}$(草层高度 $3 \sim 5 cm$)。草地施肥,每年钙镁磷肥 $500 \sim 750 kg·hm^{-2}$,以维持白三叶的良好生长,并通过其固定大气 N 来满足牧草生长的 N 素需要,所以基本上没有施用 N 肥。Prigge 等(1999)进行的放牧试验也没有施用 N 肥。

刈割为主草地:在禾本科牧草抽穗孕穗期刈割,一般情况下地上生物量为 $3500 \sim 4000 kg\ DM·hm^{-2}$(草层高度 $30 \sim 40 cm$)。刈割留茬高度 $3 \sim 5\ cm$。每年钙镁磷肥 $375 kg·hm^{-2}$,尿素 $250 kg·hm^{-2}$。每年 $8 \sim 9$ 月天气晴朗时刈割晒制青干草,草地再生草在冬春季缺草季节放牧家畜。春季返青后封育草地。

绵羊宿营法改良草地:从1985年开始,灼圃示范牧场一直坚持采用绵羊宿营法改良草地。主要针对退化严重地块和难利用地块。在晚上把绵羊用活动围栏固定在目标地块,依次搬移,一般处理强度为 2 个羊夜·m^{-2}。在即将移出羊只前撒播草种(参见彩图4-1)。2005年6月和2006年5月,对已经连续利用20年的刈割草地和放牧草地进行调查,监测植被盖度、密度。调查取样的处理见表4-3。

监测方法:盖度,针刺法;密度,单位面积的分蘖数(禾本科)和生长点(豆科)个数。

物种多样性指数:采用 Shannon-Wiener 指数。计算公式为

$$H' = -\sum_{i=1}^{s} P_i \ln P_i$$

式中，H' 为 Shannon-Wiener 指数；P_i 为物种 i 的比例；ln 为 P_i 的自然对数；s 为群落中的物种数。由于计算结果为负值，故前面加"-"号以保证结果为正值。

统计分析：采用 SPSS 的 General Linear Model 裂区设计两因素方差分析，混播组合为主因素，利用方式为次因素，分析混播组合和利用方式对草地各主要组分盖度和密度的影响。采用 ANOVA 的 DUNCAN 对各指标进行均数多重比较。

表 4-3 调查取样各处理描述

处理	各处理描述
WPCG	白三叶+多年生黑麦草混播，刈制干草，冬春季适度放牧；连续 22 年
WPGY	白三叶/多年生黑麦草组合，绵羊轮牧利用，载畜量 12～15 羊单位·hm^{-2}；连续利用 22 年
WPGN	白三叶/多年生黑麦草组合，肉牛轮牧利用，载畜量 3～5 牛单位·hm^{-2}；1995 年以前放牧绵羊，之后连续放牧肉牛 10 年
WPSY	宿营法改良，补播白三叶/多年生黑麦草组合
WCCG	白三叶+鸭茅混播，刈制干草，冬春季适度放牧；连续利用 22 年
WCGY	白三叶/鸭茅组合，绵羊轮牧利用，载畜量 12～15 羊单位·hm^{-2}，连续 22 年
WCGN	白三叶/鸭茅组合，肉牛轮牧利用，载畜量 3～5 牛单位·hm^{-2}；1995 年以前放牧绵羊，之后连续放牧肉牛 10 年
WCSY	宿营法改良，补播白三叶/鸭茅组合

二、混播组合与利用方式对盖度和多样性的影响

混播组合、利用方式及其交互作用对群落组分以及群落物种多样性的影响见表 4-4。混播组合对白三叶盖度有显著作用（$P<0.05$），利用方式没有显著影响，交互作用影响显著；混播组合对禾本科组分盖度影响不显著，但利用方式和交互作用有显著的作用；对杂草盖度的影响与禾本科组分盖度的影响一致。

表 4-4 混播组合、利用方式及其交互作用对盖度和多样性指数的影响

变异来源	平方和	df	均方	F	P
白三叶					
截距	9333.025	1	9333.025	823.200	<0.001
混播组合	308.025	1	308.025	27.169	<0.001
利用方式	7.475	3	2.492	0.082	0.969
混播组合×利用方式	816.075	3	272.025	8.923	<0.001
禾本科					
截距	106915.600	1	106915.600	974.174	<0.001
混播组合	16.900	1	16.900	0.154	0.705
利用方式	11132.600	3	3710.870	102.605	<0.001

续表

变异来源	平方和	df	均方	F	P
混播组合×利用方式	6158.900	3	2052.970	56.764	<0.001
杂草					
截距	33814.225	1	33814.225	406.238	<0.001
混播组合	105.625	1	105.625	1.269	0.293
利用方式	11767.475	3	3922.492	66.366	<0.001
混播组合×利用方式	10833.275	3	3611.092	61.097	<0.001
多样性指数					
截距	5.975	1	5.975	849.497	<0.001
混播组合	0.014	1	0.014	1.993	0.196
利用方式	0.173	3	0.058	14.845	<0.001
混播组合×利用方式	0.019	3	0.006	1.668	0.200

白三叶、禾本科牧草以及侵入杂草等群落组分在不同混播组合中的盖度差异都很大（表 4-5）。白三叶在 WCSY 和 WCCG 中的比例最低，在 WPCG 和 WPSY 中的盖度最高；而在其他组合中比例较高，差异水平显著（$P < 0.05$）。禾本科牧草的盖度以 WPGY 中最低，其次是 WCSY、WCGY，而在其余组合中都有较高比例（$P < 0.05$）；杂草的盖度在 WPSY 中最低，依次是按 WCGN、WPCG、WPGN、WCCG、WCGY、WCSY 的顺序增加，WPGY 的杂草最高，接近 WPSY 的 10 倍。

表 4-5 不同处理群落组分盖度方差分析结果

处理	白三叶		禾本科		杂草	
	平均值	标准偏差	平均值	标准偏差	平均值	标准偏差
WPCG	21.2cd	4.919	65.0d	6.285	12.0ab	8.367
WPGY	12.8ab	1.924	8.4a	2.966	75.8e	5.119
WPGN	15.4bcd	5.550	65.2d	9.654	14.0ab	4.123
WPSY	22.8d	6.723	65.6d	12.054	8.0a	5.244
WCCG	8.4a	6.229	64.2d	4.087	19.6b	6.504
WCGY	18.8bcd	6.834	43.4c	9.839	34.6c	17.558
WCGN	15.8bcd	3.701	71.0d	4.796	9.6ab	1.817
WCSY	7.0a	1.581	30.8b	3.633	59.0d	5.148

注：处理缩写见表 4-3，同栏中平均值后不同字母表示差异显著水平 0.05

各处理的多样性指数没有密度那样变化大（图 4-3）。多样性指数最低的处理有 WPGN、WPSY、WCCG 和 WCGN，其次是 WPCG、WCSY，而放牧绵羊的两个处理即 WPGY 和 WCGY 的多样性指数最高。总体而言，多样性指数都不大，原因之一可能是采用盖度计算造成的。

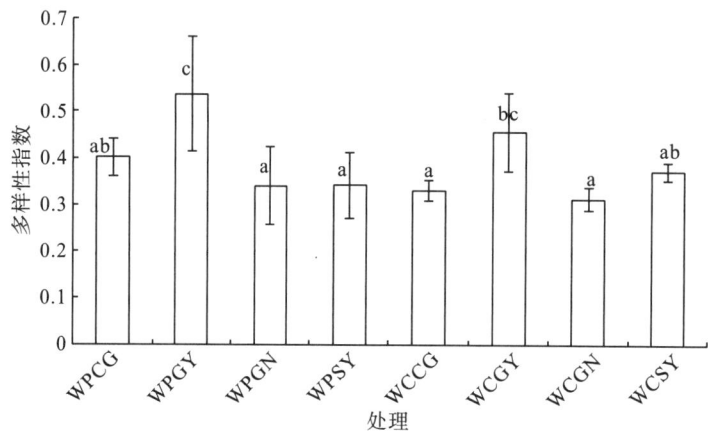

图 4-3　各处理物种多样性多重方差分析

混播组合对白三叶盖度有显著作用，利用方式没有显著影响，交互作用影响显著。这与前人的研究结果不太一致。Williams 等(2000)认为，刈割利用下白三叶产量高，而放牧利用下多年生黑麦草的产量高。本研究中白三叶在宿营处理和刈割为主利用的鸭茅组合 WCSY 和 WCCG 中的比例最低，而在刈割利用和宿营处理的多年生黑麦草组合 WPCG 和 WPSY 中的盖度最高，说明利用方式对牧草的影响会因为混播组合的不同而有差异。这主要是与草层高度有关。白三叶喜光，在遮蔽情况下生长不良。鸭茅是上繁草，植株比多年生黑麦草高大，形成的草层高，对白三叶的遮蔽作用比多年生黑麦草强。

混播组合对禾本科组分盖度影响不显著，但利用方式和交互作用有显著的作用。白三叶与多年生黑麦草和与鸭茅的组合已经在当地广泛应用，是稳定的组合(蒋文兰，1991；王元素等，2004)。但利用方式不同，这些禾本科牧草变化很大。禾本科牧草适口性不同，多年生黑麦草适口性好，家畜喜欢采食；而鸭茅的适口性相对较差，每次放牧后残留物多于黑麦草。在绵羊的长期选择性放牧采食下，黑麦草就会越来越少。

混播组合对杂草盖度和多样性指数的影响不明显，而利用方式和交互作用显著地影响杂草盖度和多样性指数。对于人工草地而言，多样性指数增加意味着杂草侵入量增加。放牧草地中的杂草密度高于刈割草地的，其中放牧利用的白三叶/多年生黑麦草草地最高。放牧家畜有可能把杂草繁殖体带入。另外，放牧家畜的蹄耕在草地上随时形成一些斑块，为一些侵占性强的杂草创造了条件。在刈割草地中，每年有相当一段时间草层高度高，不利于杂草的发芽与生长。而且，刈割使不少杂草无法形成种子，如此反复使得杂草数量越来越少。

三、混播组合与利用方式对密度的影响

混播组合、利用方式及其交互作用对密度的影响见表 4-6。白三叶、禾本科牧草以及杂草的密度都显著地受混播组合、利用方式及其交互作用的影响。

表 4-6 混播组合、利用方式及其交互作用对密度的影响

变异来源	平方和	df	均方	F	P
白三叶					
截距	32670562.5	1	32670562.5	806.705	<0.001
混播组合	6060622.5	1	6060622.5	149.650	<0.001
利用方式	1770847.5	3	590282.5	6.928	0.002
混播组合×利用方式	1433187.5	3	477729.2	5.607	0.005
禾本科					
截距	399866522.5	1	399866522.5	1189.999	<0.001
混播组合	63428422.5	1	63428422.5	188.762	<0.001
利用方式	39798367.5	3	13266122.5	23.889	<0.001
混播组合×利用方式	40305267.5	3	13435089.2	24.193	<0.001
杂草					
截距	183886592.4	1	183886592.4	182.442	<0.001
混播组合	68654480.4	1	68654480.4	68.115	<0.001
利用方式	252431553.2	3	84143851.1	96.789	<0.001
混播组合×利用方式	253926177.2	3	84642059.1	97.362	<0.001

同一个物种成分在不同处理之间的密度以及不同物种成分之间的密度差异巨大(表4-7)。白三叶在与鸭茅的四个组合中(即 WCCG、WCGY、WCGN、WCSY)密度一致,显著低于与多年生黑麦草混播的 ($P < 0.05$)。在与黑麦草的四个组合中,白三叶在 WPGY 中最低,依次为 WPCG 和 WPGN,在 WPSY 中最高,是 WPGY 的 2 倍多。

表 4-7 各组分密度方差分析

处理	白三叶		禾本科		杂草	
	平均值	标准偏差	平均值	标准偏差	平均值	标准偏差
WPCG	1140bc	151.658	5800d	1565.248	1271ab	814.808
WPGY	800ab	360.555	1200a	254.951	12080c	540.740
WPGN	1332c	399.212	4604c	670.433	460ab	174.929
WPSY	1900d	447.214	6080d	216.795	6a	0.707
WCCG	486a	167.272	1340a	378.153	1566b	628.853
WCGY	480a	178.885	1710a	616.847	776ab	212.075
WCGN	560a	114.018	2680b	294.958	8a	0.548
WCSY	532a	82.885	1880ab	618.061	986ab	138.004

注:处理缩写表见 4-3,同栏中平均值后不同字母表示差异显著水平 0.05

禾本科组分在不同混播组合中密度不同,总的来说,鸭茅的密度低于多年生黑麦草的密度。同一个禾本科牧草在不同利用方式中密度也有差异,多年生黑麦草在其四个处理中,在 WPGY 中最低,只有 WPGN 中的 26%,WPCG 和 WPSY 中的 21%和 20%。鸭

茅在其四个处理中的密度差异不大,只有 WCGN 的高于其他三个处理。

杂草在不同处理中数量差异非常显著。密度最低的是 WPCY 和 WCGN 两个处理,几乎没有杂草;最高的是 WPGY 处理,比最低的高出 1500 倍。其他处理的杂草密度处于中等水平。

放牧牛的草地杂草密度较少,而放牧绵羊的草地杂草较多。绵羊由于选择性采食习性强,喜欢采食幼嫩的叶片,被称为"营养收集器",而肉牛的采食方式是卷食,选择性较低,被称为"草地清理机"(Hodgson,1990)。选择采食的不同,导致了杂草数量的差异。

利用方式、混播组合及其交互作用显著地影响白三叶、禾本科牧草以及杂草的密度,说明密度是一个敏感的指标。白三叶在放牧利用条件下以营养生殖为主,以种子自繁为辅(van Treuren et al.,2005),而在刈割为主的利用中,由于白三叶草层不高,部分生殖枝不被刈割而产生大量的成熟种子;另外,白三叶虽然耐重牧和踩踏,但对环境因素敏感,对干旱、霜冻和荫蔽耐受力差(Gustine and Huff,1999),所有这些因素都可能引起白三叶密度的较大波动。白三叶在黑麦草放牧草地中,由于轮牧前草层高度不会很高,并且由于轮牧周转,草层高度处于动态的变化中,绝大部分时间都维持在适合白三叶采光的高度。在鸭茅混播刈割草地中,有很长的时间草层很高,禾本科草遮盖了白三叶,影响了其分枝和生长。

第四节 草地山羊放牧系统指标体系

山羊养殖业对我国南方山区特别是贫困人口集中的喀斯特山区的脱贫致富产生重要的作用。山羊肉质细嫩,肉味鲜美,深受广大消费者特别是南方人的喜爱,贵州威宁的黑山羊和四川成都的麻羊一直畅销广东和香港地区。随着人们生活水平的提高,对优质山羊肉的需求越来越大,市场前景越来越广阔。然而,由于山羊喜欢采食灌木与树木嫩尖的习性,被认为是破坏生态的罪魁祸首,在退耕还林、退牧还草中被列为禁牧之首。建立草地山羊放牧集约化生产系统,既可充分开发利用当地的草地与气候资源,促进农村经济发展和农民增收,又可减少山羊对生态的压力,为人们生活提供高产优质的山羊产品。

王元素等在对国内外草地山羊生产系统相关研究基础上,针对喀斯特山区人工草地养殖山羊的实践提出技术措施和指标体系。三叶草与多年生禾本科牧草混播放牧草地,牧前草地现存量 1800~2500kg DM·hm^{-2}(草层高 15~18cm),牧后草地现存量 1100~1200kg DM·hm^{-2}(草层高 5cm),可有效地提高山羊的生产性能。划区围栏可有效减少山羊的维持能量需求,放牧草地豆禾比例的维持可以通过施肥技术、放牧小区的刈牧轮换计划和实行家畜组合放牧来调控,从而实现群落稳定持久。

一、山羊的采食习性与放牧行为

山羊与绵羊在放牧特性上既有相同特征,也有着不同特征,相同特征决定了放牧绵羊的管理措施同样可以应用到放牧山羊系统中。不同点是放牧山羊比放牧绵羊有更复杂的一面。在许多理论性的研究结果基础上，学者们在研究中得到了放牧山羊系统管理的可行性措施(尚占环等，2002)。山羊喜欢采食灌木和树枝嫩叶，当载畜量达到 20 只山羊·hm^{-2}时适口性好的灌木种急剧减少(Lambert et al.，1981)。山羊不主动选择白三叶，其日粮的选择性主要取决于提供的饲草(Clark and Harris, 1985)。当放牧地有充足的禾本科牧草时，山羊不再完全倾向于选择采食灌木，而是选择采食有营养的植物部分(Malachek et al.，1972)。在没有灌木的草地中放牧时，育成羔羊不愿采食草层中的枯死物和茎秆部分(Hughes and Rougharden，1998)。

山羊在草地中采食时，一般从草层的顶部开始自上而下地进行，采食的日粮组成主要取决于草层的高度和草地地上生物量。与育成绵羊相比，育成山羊对草地生物量更为敏感，当草地生物量为 1000kg DM·hm^{-2} 时，育成山羊表观为采食停止。表 4-8 列出了草地山羊(母羊)放牧系统中草地供给量、牧后草地生物量、草地利用率与山羊表观采食量的关系。从表 4-8 可以看出，草地供给量与山羊的表观采食量成正相关，与草地利用率成负相关(McGall and Lambert，1992)。

表 4-8 草地供给量、牧后生物量、草地利用率与山羊的表观采食量的关系

草地供给量/(kg DM·只·d^{-1})	牧后草地生物量/(kg DM·hm^{-2})	草地利用率/%	山羊表观采食量/(kg DM·只·d^{-1})
0.7	1030	54	0.38
1.5	1290	43	0.64
3.0	1690	25	0.77
6.0	1900	16	0.96

二、草地牧草的质量与山羊生产性能

一般认为，山羊对饲草的消化率特别是对饲草中纤维的消化率要高于绵羊。由于山羊瘤胃中的氨态氮浓度高于绵羊的，当饲料中的氮含量较低时也能维持较高的瘤胃微生物种群水平，因此，山羊对含氮低的饲草消化率也高于绵羊(Alam et al.，1985)。尽管如此，草地质量对山羊的生产性能有重要的影响。McGall 和 Lambert(1992)的研究证明，草层高度对山羊特别是羔羊日增重有显著的正相关(表 4-9)。在澳大利亚的人工草地放牧并满足山羊的采食需求条件下，秋季每天每只可增重 70～80g，春季增重 100～140g(Norton，1985)。在云南省种羊场，将云岭黑山羊从山区自然丛林引入人工草地放牧饲养，云岭黑山羊采食习性由引进初期的喜食野生杂草逐步转变为喜食优良播种牧草，发挥了人工草地的巨大优势，主要体现在成年羊在冬春枯草季节持续增重，6 个月平均日增重公羊 80.4g，母羊 42.1g，羔羊初生重 1.74kg，105 日龄断奶重 12.00kg，平均日增重 97.67g(耿文诚等，1999)。在贵州山区优质人工草地上放牧的波尔山羊与本地黑山羊杂交的育肥公羊，平均日增重可达 150g。

表 4-9 哺乳期母羊和羔羊日增重与草层高度的关系

草层高/cm	生物量/(kg DM·hm^{-2})	第一月日增重/g		第二月日增重/g		第三月日增重/g	
		羔羊	母羊	羔羊	母羊	羔羊	母羊
2	1250	81	−133	41	−52	9.4	25.5
4	1650	104	−15	52	−56	10.1	27.8
7	2600	174	81	63	−100	12.8	32.2

三、放牧山羊的能量需求

舍饲山羊的维持能量需求范围是 0.36~0.48MJ ME·kg W$^{0.75}$·d^{-1}(兆焦代谢能·公斤代谢体重$^{-1}$·天$^{-1}$)，平均 0.42 MJ ME·kg W$^{0.75}$·d^{-1}。在放牧条件下，山羊的代谢能需求受牧草供给量、气候、地形等情况影响。草层高而且地形平坦的草地上代谢能需求比舍饲增加 25%，在陡峭的草地上放牧增加 50%(NRC，1981)(表 4-10)。我国南方喀斯特山区的草地一般坡度比较大，如果没有划区围栏，代谢能需求应该在舍饲的基础上增加 50%。在维持需要的基础上，山羊每增加 1kg 体重需 30MJ ME，泌乳期母羊每分泌 1kg 鲜奶需 5.2MJ ME。研究表明，云贵高原白三叶/多年生黑麦草混播草地的代谢能范围为 9~11MJ ME·kg^{-1}DM(McDermott and Wang，2000)。在营养需求量最大的产羔初期，草地供给量为 8~9kg DM·只·d^{-1} 时母羊泌乳量和羔羊增重最高(采食量为 3~3.3 kg DM·只·d^{-1})；在泌乳后期，草地供给量减少至 6~7kg DM·只·d^{-1}(采食量为 1.8~2.0kg DM·只·d^{-1})(Jagusch，1982)。这一采食量与云贵高原人工草地绵羊系统繁殖母羊的接近。

表 4-10 不同体重山羊在舍饲与放牧条件下的维持代谢能需求

活重/kg	舍饲条件/(MJ ME·d^{-1})	平坦草地放牧/(MJ ME·d^{-1})	陡峭草地放牧/(MJ ME·d^{-1})
10	2.4	3.0	3.6
20	4.0	5.0	6.0
30	5.4	6.8	8.0
40	6.7	8.4	10.0
50	8.0	10.0	12.0
60	9.0	11.4	13.7

四、贵州喀斯特草地山羊系统指标与关键技术

贵州草地家畜系统大规模开始于 1980 年在威宁县进行的飞播草地建设，对人工草地奶牛、肉牛、绵羊等生产系统进行了深入系统的研究。贵州省晴隆县草地畜牧中心从 2000 年开始，建植白三叶/多年生黑麦草为主的高产优质人工草地放牧饲养波尔山羊与贵州本地黑山羊杂交的肉羊育肥示范研究，已经筛选出适合当地条件的杂交组合。已种植高产优质人工草地 5600hm^2，饲养纯种波尔山羊 2032 只、杂交肉羊 20 000 多只，建成了 25 个肉羊生产基地、3 个育肥场、2 个育种基地、1 个胚胎移植中心、27 个人工受精点。涉

及 14 个乡镇 68 个村，覆盖农户 8500 户，每户饲养基础母羊 40~60 只，年收入 5000 元以上，最高的达 20 000 元。而且，生态效益显著，人工草地常年青绿，覆盖度达 97%，有效地缓解了水土流失和喀斯特地区的石漠化。下面介绍主要草地山羊指标体系。

草地指标：白三叶与以多年生黑麦草为主的禾本科牧草混播比例为 1:3，以满足家畜的营养需求和预防因三叶草过多引起的臌胀病。建植施肥尿素(含 N46%)150kg·hm^{-2}，钙镁磷肥(含 P_2O_5 18%)450kg·hm^{-2}；草地维持期施钙镁磷肥 450kg·hm^{-2}·a^{-1}。牧前草地现存量 1800~2500kgDM·hm^{-2}(草层高 15~18 cm)，牧后草地现存量 1100~1200 kgDM·hm^{-2}(草层高 5cm)。牧草生长旺盛季节有计划封闭一些小区刈割调制优质干草，刈割时草地生物量为 3500~4000 kgDM·hm^{-2}。

放牧条件下山羊的维持能量需求增加。划区围栏是集约化草地家畜生产系统的重要一步，有利于草地管理和草畜平衡的调控，有利于减少山羊的维持能量需求。但是，由于山羊好动，喜欢爬高就低，一般的围栏效果不大。如果采用刺铁丝水泥柱围栏，必须采用 7 线式，地面上高度 1.6m；如果采用网围栏，则要选用细网，一般网围栏则需加密。如果放牧的是波尔山羊或其与本地山羊的杂交羊，则这一问题就不这样突出，波尔山羊性情温顺，较容易进行围栏控制与管理。

混播草地建植时 1:3 的豆禾比例有利于满足家畜的营养需求。但山羊不喜食白三叶，久而久之，草地中的白三叶越来越多，禾本科牧草越来越少。在实践中有以下三个方面的措施可供选择：第一，通过施肥技术来调控。减少磷肥施用量，在春末雨季来临时施用氮肥，促进禾本科牧草的生长。因为磷肥促进白三叶等豆科的生长而氮肥增加禾本科的比例。第二，制定放牧小区的刈牧轮换计划。在牧草生长旺季，有计划地封育一些小区来刈制干草。封育小区由于草层较高，有利于禾本科牧草的生长而不利于白三叶的生长，有利于维持合理的豆禾比例。第三，实行家畜组合放牧，特别是定期或混合放牧牛群。牛被称为"草地清理机"，有利于恢复草地植被。有绵羊时可用绵羊间隔放牧，绵羊喜食白三叶，与山羊相辅相成，既提高了家畜生产性能，又有效地维持了草地质量和草地群落的稳定性。

第五节　人工草地绵羊系统指标体系

羊毛价格波动大，绵羊业效益受影响，严重影响养羊户的积极性和草地畜牧业的可持续发展。如何打破绵羊业单一羊毛产品的传统格局，寻找新的发展点已是迫在眉睫的课题。新西兰、澳大利亚等畜牧业发达国家在很多年前就对此进行了研究，羔羊育肥的收入已占绵羊业的 30%。随着我国国民收入的增加，人们对高品质的肉食品需求越来越大，在人工草地放牧下，育肥羔羊无污染，肉质鲜嫩味美。王元素等在云南省寻甸县北大营示范场，分别以考尔木母羊和考尔木公羊杂交羔羊(R×C)、考尔木母羊和罗姆尼公羊杂交羔羊(C×C)为试验对象，在人工草地上划区轮牧，进行考尔木母羊繁殖性能和羔羊育肥定期监测试验。结果表明：杂交羔羊育肥，利用牧草生长季进行羔羊育肥效益分别为原系统的 2.24 倍和 2.0 倍，草地质量和群落得到良好维持。

一、试验材料与研究方法

研究在云南省寻甸县北大营示范牧场进行。牧场位于东经 103°29′~104°27′,北纬 25°07′~26°06′,海拔 2050~2100 m;属中亚热带季风气候,年均温 12~13℃,最冷月(1月)均温 4.7℃,最热月(7月)均温 17.4℃,极端最低温-2.3℃,极端最高温 32.2℃;年降水量 810~1200mm,6~10 月降水量约占全年降水量的 70%。年日照时数 2100h,土壤 pH 5.0~6.5。放牧草地为 1997 年秋季建植,以黑麦草+鸭茅+白三叶为主的混播草地,年干草产量 8000~8500kg·hm^{-2},干物质消化能 9~11MJ·kg^{-1}。

畜群与草地管理:将 84 只 2~3.5 岁考尔木繁殖母羊随机分为 2 群,每群 42 只,分别与考尔木公羊和罗姆尼公羊进行自然交配,即 R×C 和 C×C 配种系统。1998 年 10 月 5 日~11 月 16 日为配种期,配种结束后合为一群,配种前后繁殖母羊饲养、管理水平完全一致。1999 年 4 月中旬为产羔期。产羔后羔羊、母羊采用全草型放牧系统,无任何补饲。为保证家畜的采食需求,泌乳期牧前草地干物质现存量为 2200~2400kg·hm^{-2},牧后草地干物质现存量 1000~1100kg·hm^{-2}。羔羊断奶后全草场最好的草地优先供给羔羊轮牧,牧前草地现存量为 2000~2200kg·hm^{-2},牧后草地现存量 1200~1400 kg·hm^{-2}。

系统监测:每次轮牧前后测定草地干物质现存量,每月 15 日对羔羊称重。

二、羔羊体重与日增重变化

羔羊体重变化曲线(图 4-4)显示:1 岁龄期内,二系统羔羊体重变化总体趋势一样,羔羊初生重相近(R×C 系统 3.6 kg,C×C 系统 3.5 kg),断奶以前,二系统羔羊体重几乎完全一样,3 月龄断奶体重,R×C 和 C×C 系统分别为 19.0kg、17.8kg;自 3 月龄断奶开始,随羔羊月龄的增加,R×C 羔羊体重迅速增加,与 C×C 系统形成明显差幅,至 6 月龄二系统羔羊体重差异达极显著水平($P<0.001$),R×C 系统为 33.6kg,比 C×C 系统(29.0kg)高 4.6kg,比报道的考力代羔羊的 6 月龄体重(28.5~32.0kg)高 2.0kg 左右。至 11 月底牧草停止生长时,即 7 月龄 R×C 系统羔羊的出售体重为 35.5kg,比 C×C 系统(30.7kg)重 4.8kg。此后,虽然二系统羔羊体重的差距并未继续增大,但羔羊体重的这种差距一直稳定保持到 1 岁龄(R×C 系统 44.0kg,C×C 系统 39.9kg)。

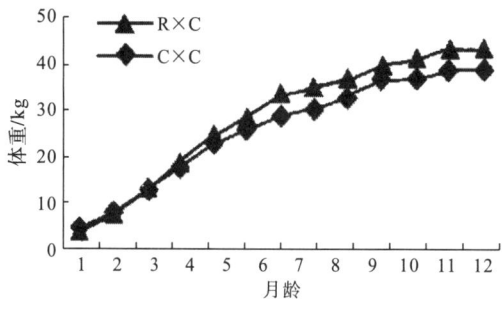

图 4-4 羔羊体重变化

二系统羔羊日增重总体趋势为：羔羊生长前期(1～6月龄)日增重快，二系统羔羊平均日增重在100.0g以上，3月龄最高(其中，R×C系统增重203.3g·d⁻¹，C×C系统增重180g·d⁻¹)，R×C系统高于C×C系统；羔羊生长后期(7～12月龄)的平均日增重除9月龄外，均在75.0g以下(图4-5)，R×C系统低于C×C系统，虽然二系统9月龄日增重较高(R×C系统100.0g，C×C系统为125.8g)。自7月龄开始，二系统日增重降低且二者无明显差别。究其原因，由于二系统均在4月中旬产羔，产羔后，羔羊6月龄以前的生长恰好在牧草生长季(4～10月)，其间牧草生长旺盛且营养成分含量高，能完全满足家畜采食需求(瓦庆荣等，1994)，R×C系统充分发挥出杂交优势，且羔羊3月龄最大日增重恰好与牧草生长高峰期7月相吻合。10月以后，牧草生长缓慢甚至停止，家畜采食受到影响，加之气候寒冷，影响羔羊生长，R×C系统的杂交优势也不能发挥。

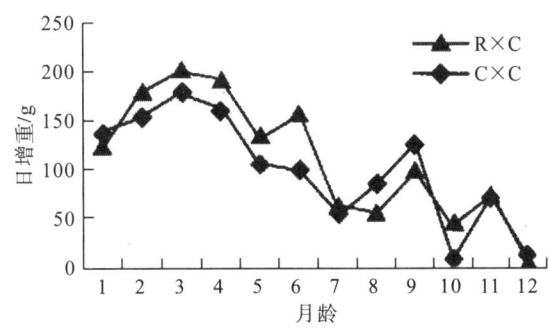

图4-5 羔羊日增重变化

三、家畜繁殖性能、羔羊育肥与原系统效益比较

二系统的母羊和羔羊繁殖性能指标数值总体接近，R×C系统的母羊产羔率和羔羊繁殖成活率仅比C×C系统高出1～2个百分点，二者羔羊初生重基本一致。说明在饲养管理水平一致条件下，考尔木母羊的繁殖性能几乎不受考尔木公羊和罗姆尼公羊品种差异影响。

通过控制配种期，调整产羔期，控制草地牧前、后干物质现存量，使2种产羔系统的繁殖母羊于1999年4月中旬产羔，由于此时恰逢牧草生长季，羔羊不需补饲，仅靠采食鲜草就能满足营养需求。并且，羔羊由于采取全放牧采食，对草地利用率(65%～70%)比原系统(产羔期不稳定，随时配种随时产羔)高出5个百分点。牧草生长季进行羔羊育肥的R×C系统和C×C系统效益分别为原系统的2.24倍和2.0倍，羔羊育肥的效益比蒋文兰等(1995)报道的人工草地草畜供求关系优化后放牧绵羊的效益高。由于本系统家畜的采食需求与草地的季节生长相吻合，有利于草地群落的维持与稳定。

第六节 草地肉牛系统指标体系

草地肉牛系统主要分为两大类型：一是以繁殖母牛群为基础自繁自养，出售断奶牛犊作为替补或者屠宰。二是不同数量、不同类型以及不同生产性能的牛群肥育。这两大类的目标不同，对草地的要求也不同。

以繁殖母牛为基础的类型每年都要进行牛犊断奶，要求有充足的草地供给以满足牛犊快速增重以及母畜每年一次产犊的需要。母牛产犊到发情的这一时期非常重要，直接关系到受胎率和次年的断奶率。而对于肥育类型来说，草地的供给量由设定的每一畜群的季节增重指标来确定。本研究介绍家畜生产性能与草地供给之间的一般关系，主要对草地牧草供给量、牧后草地生物量和草层高度对肉牛采食及其生产性能的影响与草地的稳定性进行评价。

一、放牧肉牛的草地特点

肉牛的采食量随草地供给量的增加而增加，一直达到一个由家畜和草地供给共同决定的最大值。与绵羊相比，肉牛的选择性采食行为不明显，特别是草地组分的适口性较低时，比如种穗和枯死物较多的草地。其结果，当草地生物量下降时，肉牛比绵羊和山羊更能维持较好的干物质采食量。因此可以用肉牛很好地清理草地，有利于草地群落的稳定性。与较高的牧草配给量相比，在较低的牧草配给量下放牧 4~7 天后，肉牛采食的饲草日粮的消化率急剧下降。由于肉牛的增重潜力巨大，其日增重对草地饲草饲养状况很敏感(表 4-11)。

与其他养殖业特别是绵羊业相比，肉牛业的效益很高。肉牛与绵羊混群放牧或者更替放牧，可改善草地和绵羊的生产性能。在牛改变草地状况方面进行的研究不算很多，但不少结果已经用于指导生产。

表 4-11 在同样草地上肉牛和绵羊选择采食日粮的组成

项目		草地组分/%	绵羊采食日粮组分/%	肉牛采食日粮组成/%
a.山区禾本科草地	叶片	71.8	52.3	23.8
	花、茎秆	2.8	7.4	48.8
b.黑麦草为主草地	叶片	74.8	80.3	72.1
	鲜嫩茎秆	18.0	7.3	10.2
	花、茎秆	5.0	3.3	16.2

二、草地状况与肉牛生产力

由于所有草地配给量下肉牛体重的变量以 $kg\ DM \cdot 100kg\ LW^{-1} \cdot d^{-1}$ 为标准(LW, live weight，活体重），所以，$4kg\ DM \cdot 100kg\ LW^{-1} \cdot d^{-1}$ 的配给量相当于一头 400kg 重的肉牛每天采食 16kg DM。

(一) 繁殖母牛

繁殖母牛的重点时期主要是产犊前 8 周到断奶期，这是因为：母牛妊娠中期的采食水平对于年生产率影响不大。损失 10%~15% 的体重对母牛繁殖能力影响不大。产犊后 3~4 个月内的草地饲养水平对繁殖母牛生产力的影响最大，影响母牛和犊牛的体增重，特别是影响母牛的下一次繁殖力。

1. 产犊前

产犊前 8 周草地配给量高于 $3kg\ DM\ kg \cdot 100kg\ LW^{-1} \cdot d^{-1}$，相当于牧后草地生物量刚超过 $700kg\ DM \cdot hm^{-2}$，对母牛的体况影响不大。在这种草地配给量情况下，母牛的体重每天损失 0.20kg，也就是说，在妊娠后期的 3 个月，母牛的体况损失 1 分（5 分制）。当母牛的实际增重（主要因为胎儿的生长）达到 $0.4kg \cdot d^{-1}$ 时就可以获得理想的犊牛出生重。除非产犊后饲草不足使母牛的体况低于 4 分，草地配给量为 $3.0kg\ DM\ kg \cdot 100kg\ LW^{-1} \cdot d^{-1}$ 时，产犊到下一个情期配种的间隔可以缩短至 60 天。

2. 产犊后

草地不同的饲养水平对产犊后到下一次配种期的影响表现为对采食量、日增重和以后繁殖力的影响。在妊娠期损失体重较大的母牛比几乎没有损失体重的母牛需要较高的 DM 采食量或者牧后草层高度。在山区草地，草地配给量对母牛产后的日增重影响更大。草地配给量从 $2kg\ DM \cdot 100kg\ LW^{-1} \cdot d^{-1}$ 翻倍到 $4kg\ DM \cdot 100kg\ LW^{-1} \cdot d^{-1}$ 时，母牛的体重变化从略为下降变为每天增加 1kg。母牛泌乳量与草地配给量的关系相当密切。草地配给量低或者牧后草地生物量低，母牛首先要保证泌乳需要而牺牲体重，随着采食量的增加，特别是能量的增加超过了泌乳需要时，母牛增加体重。要注意因为同样的原因，产奶量高的母牛不论多高的草地配给量，其产后的体增重都不明显。在轮牧后的草地定牧母牛，即使草层高度较高，其体增重仍较低。放牧制度对犊牛体增重的影响更要引起重视。

除非轮牧制度下犊牛的高增重速率要求母牛的高泌乳量，否则犊牛的断奶体重较少受母牛饲草配给量的影响。当饲草配给量低于 $3.5kg\ DM \cdot 100kg\ LW^{-1} \cdot d^{-1}$ 时，母牛的日增重低于 1kg，而犊牛的体重仍增加，这是母牛为保证泌乳而牺牲体重的一个反映。

产后的饲草饲养水平对母牛以后繁殖力的影响更为重要。如果草地配给量下降，则到下一个情期的间隔延长，特别是妊娠期营养不足的母牛所受的影响更为严重。只有草地配给量高于 $3kg\ DM \cdot 100kg\ LW^{-1} \cdot d^{-1}$ 或者牧后草地生物量高于 $1200kg\ DM \cdot hm^{-2}$，才有可能达到较高的妊娠率（>90%）。产后营养对母牛繁殖力的影响可通过体况分数的增加来消除。决定母牛以后繁殖力的真正因素是母牛配种时的体况，如果体况达到 5 分就可以短期内重新配种并妊娠。因此，如果母牛产犊时体况只有 3 分，则必须在 70 天或者配种前增加 2 分。如果增加 1 分相当于增加 40kg 体重，则增加 2 分意味着每天增重 1.14kg，要求草地配给量为 4kg DM·100kg LW^{-1}·d^{-1}。

妊娠后期的草地配给量对母牛繁殖力的影响不显著。较低的配给量（2.5～3kg DM·100kg LW^{-1}·d^{-1}）就能满足需求。犊牛的日增重或者断奶体重很难反映产后的饲养水平。另一方面，母牛的繁殖力与配种时的体况关系密切。产后的草地配给量必须能够保证母牛在配种时达到足够的体况（4.5～5 分）。

(二)替补育成母牛

育成母牛作为繁殖母牛的替补牛群，在达到 2～3 岁时就可配种产犊。对于 2～3 岁的育成牛的最适宜的饲养状况的研究较少。因此，对这一群牛的草地指标在配种前参照生长牛而在妊娠后参照繁殖母牛制订。与 26 月龄才配种相比，14 月龄就配种可增加母牛总繁殖力 0.7 个犊牛，但一年龄就配种不太常见。最主要的原因是一年龄母牛难达到良好的妊娠率。饲养水平对一年龄母牛的繁殖性能具有重要的影响。

1. 从断奶到第一次发情

给断奶母犊牛在秋冬季提供 6.0～8.5kg DM·100kg LW^{-1}·d^{-1} 的高饲草配给量，接着在春季提供 6.0kg DM·100kg LW^{-1}·d^{-1} 的草地配给量，可使其提前达到性成熟并显著增加配种前和配种后体重，而冬季草地配给量较低时（2.0～4.0kg DM·100kg LW^{-1}·d^{-1}），这些指标较低。但是，秋冬季的草地配给量对第一胎的胎儿重以及以后的妊娠率没有太显著的影响。基于这些研究结果，表 4-12 推荐了达到第一次配种体重 250kg，在 42 天的配种期达到 85%的妊娠率的最低草地配给量。这些推荐允许秋冬季的日增重低但春季到配种末期的增重速率高。为保证其春季较高的采食需要，牧后草地现存量较高，如果不用其他家畜对草地进行清理，则会对草地产生不良影响，不利于草地群落的稳定。

表 4-12　断奶到第一次配种推荐的目标体重、草地配给量和牧后草地生物量

项目	冬末断奶	春季到配种结束	冬季	春季
配种目标体重/kg	—	250		345
日增重/kg	0.20	1.0～1.3	0.5～0.6	—
胎儿净生长/(kg·d^{-1})	—	—	0.2～0.3	
草地配给量/(kg DM·100kgLW^{-1}·d^{-1})	2～3	6	3.0～3.3	3.0～3.5
牧后草地生物量/(kg DM·d^{-1})	500～700	1200～1700	600～800	1000～12000

2. 从第一次配种到产犊

在山地一年龄母牛不进行配种的另一个原因是当母牛在两岁产犊哺乳小牛时很难进行再繁殖。对妊娠后半期到泌乳 28 天和 50 天的草地配给量范围 2.0～4.5kg DM·100kg LW^{-1}·d^{-1} 做了比较，结果表明，草地配给量每增加 1kg DM·100kg LW^{-1}·d^{-1}，青年母牛的日增重增加 0.19kg。同时草地配给量的增加也使犊牛初生重和断奶重增加。由于妊娠后期草地配给量增加而使青年母牛的产犊率和犊牛成活率增加，推荐了最适宜的妊娠期饲养草

地配给量(表 4-12)。按照推荐饲养,可获得理想的增重速率($0.2\sim0.3kg\cdot d^{-1}$)、缩短产犊到下一次发情的间隔期($50\sim60d$)、高妊娠率和犊牛高生长速率($0.80kg\cdot d^{-1}$)。这些推荐使用于早熟品种如安格斯、海佛及其杂交种。对于一些晚熟肉牛品种 14 个月龄的目标配种体重是 $280\sim300kg$。超过这些目标体重并没有产生明显的效果。

3. 生长期的牛

当草地配给量的变化范围为 $2.0\sim12.5kg\ DM\cdot100kg\ LW^{-1}\cdot d^{-1}$,而且牧后草地生物量的变化范围为 $750\sim3000kg\ DM\cdot d^{-1}$ 时,生长牛的日增重在 $-0.6\sim1.5kg\cdot d^{-1}$ 的范围内变化。这一范围概括了绝大多数肉牛系统的体重变化。虽然变化范围差异大,但对生长家畜的饲养计划的制订具有参考价值。

(三) 季节差异

在家畜-草地相互关系中存在明显的季节差异。

1. 春季与夏秋季

即使是同样的草地配给量和相同的牧后草地生物量,肉牛在春季的生长速率比夏秋季快得多。这是因为:①在冬季较低的体增重后,春季的增重潜力很大。同样的表观 DM 采食量,春季的增重效率要好得多。试验表明,家畜春季的补偿性生长比一直饲喂良好的家畜要多采食 20%的饲草。②春季牧草具有较高的营养价值。③春季草层结构有助于提高采食量。

这种在相对较低的草地配给量(牧后草地生物量)时较高的日增重($1.0kg\cdot d^{-1}$)潜力对草地管理有积极的意义。这意味着:①在早春草地现存量未能提供较高的草地配给量时就能达到高水平的家畜生产($1.0kg\cdot d^{-1}$)。②在放牧季节的初期,相对较低的牧后草地生物量($1200\sim1300kg\ DM\cdot hm^{-2}$)有助于在整个季节控制草地质量而不显著影响家畜的春季生长率。

比较而言,在草地配给量较高($8\sim10kg\ DM\cdot100kg\ LW^{-1}\cdot d^{-1}$)或者较高的牧后草地现存量($3000kg\ DM\cdot hm^{-2}$)的夏秋季节,难于维持较高的日增重,而且造成大量的枯死物($30\sim40\%$)。在整个夏季把牧后草地生物量维持在 $1800\sim2000kg\ DM\cdot hm^{-2}$ 对家畜的日增重没有不利影响。因此,在夏季把草地控制在一定的水平以促进秋季草地高质量的生长。

2. 冬季

没有足够的证据表明,在冬末给予任何草地配给量,家畜的日增重低于其他季节。冬季家畜的日增重低,是由于干物质采食量不足。在相同的草地配给量时,家畜的日增重并没有明显的差异。冬季的草地状况、枯黄而低矮的牧草以及较短的放牧采食时间限制了家畜的采食量。冬季的寒冷气候是否明显地增加了家畜的维持需要还缺乏足够的试验证据。

(四)肉牛类型

来自奶牛场的小公牛育肥,其表观采食量在同等草地配给量时与奶牛场的黑白花小公牛相似。而另一方面,不同的体重和年龄的牛的采食量则差异很大,在相同草地配给量或定牧时,犊牛(4~6月龄,100~200kg LW)的采食量比个体大的较老的牛(400~600kg LW)的要高(新西兰的采食量是按每100kg活体重计算)。在春季,较年轻的牛其日增重不及较老的牛高,这可能是因为后者的补偿性生长以及较小的牛其维持能量需要相对较高。随着放牧季节的推移,较老的牛沉积了较高比例的脂肪,在相同草地上较年轻牛的日增重比年老的高。可以推论,生长较快的牛如公牛和成熟较晚的牛在任何配给量或草地现存量时都具有较高的采食量和日增重。

(五)有利于草地稳定的草地指标

1. 草地配给量和牧后草地生物量

草地配给量与牧后草地生物量之间存在着的相关关系使两种放牧组织的方法连接起来。尽管从理论上说,放牧计划既可基于草地配给量也可基于牧后草地生物量加上目标采食量来计算,但对生长期的肉牛来说,用哪一种方法则取决于实际采用的放牧制度。例如,在冬季进行严格的轮牧,很少超过3天转移放牧小区,否则时间过长家畜就有几天在现存量很低的草地上放牧。此时常用草地配给量来描述牛的采食量和日增重。而在松散放牧时,特别是慢速轮牧时,草地配给量失去意义,牧后草地现存量和草层高度则成为最重要的指标。

2. 牧前草地生物量和牧后草层高度

在相同的草地配给量时,牧前草地生物量越低,则绵羊的采食量和日增重越低。肉牛这方面的试验较少,但可以推论,结果与绵羊的相似。毫无疑问,肉牛的牧前草地生物量高于2000kg DM·hm^{-2}。如果草地现存量很低,或者草地组分中豆科牧草含量很低,都会影响家畜的日增重-草地配给量的相关关系。不论任何配给量,以豆科牧草为主的草地放牧肉牛,家畜的日增重都较高。

不论是开始放牧时还是牧后的草层高度,都与肉牛的日增重有很好的相关关系。在英国、新西兰等国,农场主常用工作雨鞋来估测草层高度。对夏季草地的牧后生物量与草层高度的相关关系也进行了研究,但更深更广的研究还需进一步展开。

3. 目标生长模式与草地现存量

在理论上,关于肉牛育肥的目标生长速率模式是稳定不变的。但实践中,除非冬季的饲料供给相对高于其他季节(农作物补饲),大部分肉牛育肥场的冬季草地供给量均较低,所以肉牛的冬季日增重也较低;到春季肉牛日增重随草地牧草生长速率的增加而增高。由于秋季生长的草地在整个冬季都在轮牧,与目标生长速率有关的平均草地现存量从秋季开始就一直下降。在春季随着牧草生长速率的增加,储备增加,平均草地现存量也慢慢增加。不同的肉牛育肥系统具有各自明显的生产模式和特点。

三、肉牛系统的饲料预算

(一) 繁殖母牛

在山区和山区接合部大部分繁殖母牛与繁殖母羊组合放牧，因此，这两种畜群的放牧草地没有严格的不同。例如，在冬季的大部分时间，只要牧前草地生物量高于 2000kg DM·hm^{-2}，妊娠母牛和母羊就可以混合轮牧一直到牧后草地生物量为 500～600kg DM·hm^{-2}。在条件差的地区或者优良牧草比例较低时进行补饲很有必要。在母羊产羔前 3～4 周把母牛群与母羊群分开，在各自的草地上放牧，否则春季母牛产犊时由于与母羊竞争饲草，草地供给量就不能满足其在配种前恢复体重与体况。对于断奶牛犊不出售的系统来说，把产犊期推迟 6 周一直到春末(此时平均草地现存量开始增加)，有助于提高家畜的生产率。实践中还应用其他冬季放牧策略，比如，优先放牧育成母羊后再放牧妊娠母牛。在春末夏初，繁殖母牛和母羊的饲草需求不存在矛盾时，没有必要进行严格的限制放牧，将两群家畜混群放牧有利于控制草地。在夏末，只要有足够的高质量草地满足断奶牛犊，而且母牛在清理夏季疯长草地前断奶，那么，繁殖母牛在秋季就具有较高的体重(参见彩图 4-2)。

对于繁殖母牛群的饲料计划，最重要的是在产犊到配种这段时间提供适宜的草地配给量。

(二) 育成母牛(替补母牛)

在第一个冬季，育成母牛的中等目标日增重(0.2～0.3kg·d^{-1})所需的草地牧草与育成母羊的相似，因此在生产实际中常把这两群家畜混群放牧。另一种方法是只要草地生物量高于 1500kg DM·hm^{-2}，就优先放牧年轻肉牛，再放牧母羊。要达到 14 月龄就能配种，在春季就要给予育成母牛"特别优惠"，即只要有可能就要满足其采食需求。同样，在其妊娠后期(产犊前)到泌乳初期，都要比成年母牛给予更多的考虑。

成年母牛的产犊期一般在春末夏初，同样，年轻母牛也在相同时期产犊，以充分保证其营养需求。一直到 26 个月仍未配种的年轻母牛不予优先，而是最后考虑，只给予维持配给量。

(三) 生长牛和育肥牛

生长牛和育肥牛对于饲料计划的制定和实施是灵活的。只要有适宜的价格和市场，就可根据牧草生长速率以及牧草的季节储备转移来买进或卖出生长牛和育肥牛，所以其数量在一年中是有升有降的。例如，如果原来 11 月 1 日买进牛只，现提前到 10 月 1 日购买，则冬季载畜量可能增加 25%，从 3.3 头·hm^{-2} 增加到 4.1 头·hm^{-2}。一般来讲，生长速率等随机事件不及产羔产犊期等固定事件对农场的影响大。如果育肥牛的春季生长速率由于草地现存量低受到影响，可以等到草地现存量恢复到一定程度(如 1200kg DM·hm^{-2})提高其草地配给量来达到。

秋季出售育肥牛的具体时间也可以根据整个系统的效益来决定。例如，提前 1 个月出售体重达到 450kg 的育肥牛就可以节省草地来给 150 只母羊催情补饲或者在 100 天的冬季每公顷增加 0.6 头断奶牛犊。在秋季提前出售年轻育肥牛许多牧场经营者从心理上不大情愿，因为此时的年轻牛生长速率很高，价值在增加。但经营决策的制定必须考虑到来年甚至长期的效益。

尽管育肥牛的饲料需求相对灵活，但从草地计划的角度来说有 1~2 个关键时期。随着生长牛的个体逐渐增大，其能量需求也逐渐增加。一块在早春牧草现存量足够供给 100 头 300kg LW 牛的草地到仲夏只能满足 75 头 400kg LW 牛的营养需求。而且，随着夏末草地生长和产量的降低，而此时家畜的营养需求要求较高的牧后草地生物量来满足日增重，载畜量潜力明显降低。有报道说，从春季到夏季的牧草生长速率降低 33%，可能导致载畜量减少 60%；如果不调整载畜量，则日增重指标将从 $0.50 kg \cdot d^{-1}$ 下降到 $0.10 kg \cdot d^{-1}$。在放牧季节的后期载畜量或放牧面积的调整对育肥系统的成功非常重要。

四、有利于草地稳定的草畜平衡调控实例

实例一：冬季载畜量潜力的计算。

每年 9 月 1 日和 10 月 1 日购买牛只两个系统。如果 9、10、11、12、1、2 月的草地生长速率分别是 $25 kg DM \cdot d^{-1}$、$25 kg DM \cdot d^{-1}$、$20 kg DM \cdot d^{-1}$、$10 kg DM \cdot d^{-1}$、$10 kg DM \cdot d^{-1}$、$10 kg DM \cdot d^{-1}$，到 2 月时，每月每个相同草地面积的小区放牧一次，9 月 1 日的平均草地现存量是 $1300 kg DM \cdot hm^{-2}$，到 3 月 1 日的目标平均草地现存量是 $1100 kg DM \cdot hm^{-2}$。

表 4-13 肉牛不同时间购买的草地指标

起始日期	9 月 1 日	10 月 1 日
开始草地现存量/($kg DM \cdot hm^{-2}$)	1200	1950
草地牧草生长量/($kg DM \cdot hm^{-2}$)	2300	1525
3 月 1 日目标草地现存量/($kg DM \cdot hm^{-2}$)	1100	1100
草地可供给/($kg DM \cdot hm^{-2}$)	2500	2500
干物质采食量指标/($kg DM \cdot 只 \cdot d^{-1}$)	5	5
冬季天数/d	153	122
载畜量/(头$\cdot hm^{-2}$)	3.3	4.1

实例二：由于①草地生长速率下降，②要提高牧后草地生物量以维持肉牛的日增重，③肉牛个体增大，所以要把肉牛育肥牧场从春季到夏季的载畜量降低。

本例中在计算载畜量的变化时面临的情况是：草地牧草生长速率从 $60 kg DM \cdot hm^{-2} \cdot d^{-1}$ 降低到 $40 kg DM \cdot hm^{-2} \cdot d^{-1}$，而目标草地现存量从 $1300 kg DM \cdot hm^{-2}$ 提高到 $1800 kg DM \cdot hm^{-2}$，肉牛个体重量从 300kg 增加到了 400kg。载畜量的调整及其对肉牛生长速率的影响见表 4-14。

第四章 草地利用制度与群落稳定性

表 4-14 草地载畜量的季节调整

项目	春季	秋季	
		调整	不调整
草地生长速率/(kg DM·hm^{-2}·d^{-1})	60	40	
日增重指标/(kg·d^{-1})	1.0	0.5	(0.1)
个体重量/(kg·d^{-1})	300	400	
草地配给量/(kg DM·100kg LW^{-1}·d^{-1})	5	6	(2.5)
牧后草地生物量/(kg DM·hm^{-2})	1300	1800	(900)
牧前草地生物量/(kg DM·hm^{-2})	2740	2740	
轮牧周期/d	24	36	
载畜量/(头·hm^{-2})	7.6	3.1	7.6

注：

（1）分别为春季和秋季的草地配给量和牧后草地生物量。

（2）要维持相同的牧前草地生物量，轮牧周期就必须从 24 天延长到 36 天。例如，春季的牧前草地生物量=上次牧后生物量+生长量=1300+（60×24）。在秋季轮牧开始时有较高的牧后草地现存量。

（3）载畜量计算：载畜量=牧前草地生物量/配给量×轮牧周期（天数），例如，春季载畜量=2740×100/5×300×24=7.6 头·hm^{-2}。

（4）如果载畜量不作调整，家畜日增重通过草地配给量来估计。例如，草地配给量=2740/7.6×36=2.5kg DM·100kg LW^{-1}·d^{-1}

这一水平的草地配给量并且牧后草地生物量只有 900kg DM·hm^{-2} 时，肉牛的日增重只有 0.10kg·d^{-1}。

结论：本例中，草地生长速率下降 33%，载畜量必须下降 60%，否则秋季的日增重指标将从 0.50kg·d^{-1} 下降到 0.10kg·d^{-1}。

第五章 多样性与群落稳定性

第一节 天然植被草灌物种多样性

草灌植物是喀斯特地区的重要植物,常形成灌草丛植被,或与乔木一起形成复合植被。草灌植物是喀斯特石漠化过程中的最后植被,也是石漠化治理过程的先锋植物。贵州有灌草丛 220 万 hm² 以上(苏大学和黄焕深,1987),其物种多样性在喀斯特地区具有典型性和代表性。

贵州施秉云台山具有白云岩喀斯特地貌,位于黔东南州施秉县北部,距县城约 13 km,地处 108°11′E、27°13′N,主峰海拔 1066 m,一年四季雨量充沛,年均降雨量 1110 mm 以上。植被类型有针叶林、针阔混交林、常绿阔叶林、常绿落叶阔叶混交林、竹林、灌丛等 8 个森林植被型。前人对贵州施秉云台山主要植被类型与分布特点、蕨类植物区系及苔藓植物做了初步调查研究(黄才江等,1995),但对喀斯特草灌植物特别是特定区域草灌植物的多样性一直缺少研究。李莉等以贵州施秉云台山为例,以海拔作为变化因子,从入口处到主峰最高点再到海拔最低处,共设置 20 个 10 m×10 m 样方调查植物多度和频度;对草灌植物种类、形态进行观察鉴定,利用数码相机记录整株植物及花,借助《贵州植物志》(1979~1988)进行鉴定。结果表明贵州施秉云台山主峰共有草灌植物 56 科 90 属 107 种,主要的科有蔷薇科、忍冬科、禾本科等,多度和频度较高的植物有火棘(*Pyracantha fortuneana*)、烟管荚蒾(*Viburnum utile*)、小果蔷薇(*Rosa cymosa*)、盐肤木(*Rhus chinensis*)等喀斯特地区常见植物。喀斯特地区草灌植物多样性丰富,为喀斯特地区植被构成、植被稳定性和物种多样性保护提供科学依据。

一、云台山草灌植物的鉴定名录与种类构成

经初步鉴定,贵州施秉云台山草灌植物资源中共有 56 科 90 属 107 种,其中被子植物 49 科 83 属 99 种,蕨类植物 7 科 7 属 8 种(表 5-1)。

表 5-1 已鉴定贵州施秉云台山草灌植物名录

种名	拉丁名	科	属	种名	拉丁名	科	属
荚蒾	*Viburnum dilatatum*	忍冬科	荚蒾属	滇鼠刺	*Itea yunnanensis* Franch.	虎耳草科	鼠刺属
球核荚蒾	*Viburnum propinquum* var. *propinquum*		荚蒾属	虎耳草	*Saxifraga stolonifera*		虎耳草属
烟管荚蒾	*Viburnum utile* Hemsl.		荚蒾属	枫香树	*Liquidambar formosana* Hance	枫香科	枫香树属

续表

种名	拉丁名	科	属	种名	拉丁名	科	属
忍冬	*Lonicera Japonica*		忍冬属	树参	*Dendropanax dentiger* (Harms) Merr.	五加科	树参属
小叶六道木	*Abelia parvifolia* Hemsl.		六道木属	鹅掌柴	*Schefflera octophylla* (Hayata) Hayata		鹅掌柴属
箭叶淫羊藿	*Epimedium sagittatum* (Sieb. et Zucc.) Maxim.	小檗科	淫羊藿属	山柳	*Salix pseudotangii*	杨柳科	柳属
十大功劳	*Mahonia fortunei*		十大功劳属	杯腺柳	*Salix cupularis* Rehd.		柳属
南天竹	*Nandina domestica* Thunb.		南天竹属	海桐花待定种	*Pittosporum* sp.	海桐花科	海桐花属
野棉花	*Anemone vitifolia* Buch.-Ham.	毛茛科	银莲花属	多花木兰	*Magnolia multiflora* M. C. Wang et C.L. Min	木兰科	木兰属
小木通	*Clematis armandii*		铁线莲属	金丝桃科	*Clusiaceae*	金丝桃科	
缫丝花(刺梨)	*Rosa roxburghii* Tratt.	蔷薇科	蔷薇属	贵州金丝桃	*Hypericum kouytchense* Levl.		金丝桃属
小果蔷薇	*Rosa cymosa* Tratt.		蔷薇属	马桑	*Coriaria nepalensis*	马桑科	马桑属
野蔷薇	*Rosa multiflora* Thunb.		蔷薇属	茜草	*Rubia cordifolia* L.	茜草科	茜草属
贵州绣线菊	*Spiraea kweichowensis* Yv et Lu		绣线菊属	大叶茜草	*Rubia schumanniana* E. Pritz		茜草属
中华绣线菊	*Spiraea chinensis* Maxim		绣线菊属	夹竹桃	*Nerium indicum* Mill.	夹竹桃科	夹竹桃属
火棘	*Pyracantha fortuneana*		火棘属	芫花	*Daphne genkwa* Sieb & Zucc	瑞香科	瑞香属
小叶枸子	*Cotoneaster microphyllus* Wall. ex Lindl.		枸子属	结香花树(梦花树)	*Edgeworthia chrysantha*		结香属
平枝枸子	*Cotoneaster horizontalis* Dcne		枸子属	堇菜	*Viola verecunda* A. Gray	堇菜科	堇菜属
覆盆子	*Rubus idaeus* L.		悬钩子属	苦荬菜	*Ixeris denticulata*	菊科	苦荬菜属
刺莓	*Rubus taiwanianus* Matsum..		悬钩子属	三脉紫菀	*Aster ageratoides* Turcz.		紫菀属
鼠李	*Rhamnus davurica* Pall.	鼠李科	鼠李属	马兰	*Kalimeris indica* (L.)		马兰属
胡颓子	*Elaeagnus pungens* Thunb.	胡颓子科	胡颓子属	柳叶润楠	*Machilus salicina* Hance	樟科	润楠属
长叶水麻	*Debregeasia longifolia* (Burm. f.) Wedd.	荨麻科	水麻属	三桠乌药	*Lindera obtusiloba* Bl.		山胡椒属
楼梯草	*Elatostema involucratum* Franch. et Sav.		楼梯草属	香叶子	*Lindera fragrans* Oliv.		山胡椒属
荨麻待定种	*Urtica* sp.		荨麻属	卫矛	*Euonymus alatus* (Thunb.) Sieb.	卫矛科	卫矛属
山茶花	*Camellia japonica*	山茶科	山茶属	南蛇藤	*Celastrus orbiculatus* Thunb.		南蛇藤属
油茶	*Camellia oleifera* Abel		山茶属	鸭儿芹	*Cryptotaenia japonica* Hassk.	伞形科	鸭儿芹属
莞花	*Laplacea canescens* (Wall.) C. A. Meyer		南美大头茶属	单花红丝线	*Lycianthes lysimachioides* (Wall.) Bitter	茄科	红丝线属
过路黄	*Lysimachia christinae* Hance	报春花科	珍珠菜属	紫草	*Lithospermum erythrorhizon* Sieb. et Zucc.	紫草科	紫草属
黄花粉叶报春	*Primula flava* Maxim		报春花属	一把伞南星	*Arisaema erubescens* (Wall.) Schott	天南星科	天南星属
杜鹃花待定种	*Rhododendron* sp.	杜鹃花科	杜鹃花属	(中国)芒	*Miscanthus sinensis* Anderss.	禾本科	芒属

续表

种名	拉丁名	科	属	种名	拉丁名	科	属
头花杜鹃	*Rhododendron capitatum* Maxim.		杜鹃花属	荩草	*Arthraxon hispidus* (Thunb.) Makino		荩草属
映山红	*Rhododendron simsii* Planch.		杜鹃花属	狗尾草	*Setaria viridis*		狗尾草属
山矾	*Symplocos sumuntia*	山矾科	山矾属	蜈蚣草	*Eremochloa ciliaris*		蜈蚣草属
野花椒	*Zanthoxylum simulans* Hance	芸香科	花椒属	箭竹	*Fargesia spathacea* Franch.		箭竹属
盐肤木	*Rhus chinensis* Mill.	漆树科	盐肤木属	刺子莞	*Rhynchospora rubra* (lour.) Makino	莎草科	刺子莞属
毛黄栌	*Cotinus coggygria* var. *pubescens* Engl.		黄栌属	薹草待定种	*Carex* sp.		薹草属
冬青	*Ilex purpurea* Hassk.	冬青科	冬青属	香附子(莎草)	*Cyperus rotundus* L.		莎草属
刺叶冬青	*Ilex bioritsensis* Hayata		冬青属	鸢尾	*Iris tectorum* Maxim.	鸢尾科	鸢尾属
枸骨	*Ilex cornuta* Lindl. et Paxt.		冬青属	建兰	*Cymbidium ensifolium* (L.) Sw.	兰科	兰属
匙叶栎	*Quercus dolicholepis* A. Camus	壳斗科	栎属	山兰	*Oreochis patens* Lindl.		山兰属
鹅耳枥	*Carpinus turczaninowii* Hance	桦木科	鹅耳枥属	菝葜	*Smilax china* L.	菝葜科	菝葜属
榛	*Corylus heterophylla* Fisch. ex Trautv.		榛属	黄精	*Polygonatum sibiricum* Delar. ex Redouté	百合科	黄精属
化香树	*Platycarya strobilacea* Sieb.& Zucc.	胡桃科	化香树属	七叶一枝花	*Paris polyphylla* Sm.		重楼属
杨梅	*Morella rubra* Lour.	杨梅科	杨梅属	鸭跖草	*Commelina communis* Linn.	鸭跖草科	鸭跖草属
细本葡萄	*Vitis thunbergii* Sieb. & Zucc.	葡萄科	葡萄属	卷柏	*Selaginella tamariscina* (Beauv.) Spring	卷柏科	卷柏属
金合欢待定种	*Acacia* sp.	豆科	金合欢属	铁芒萁	*Dicranopteris dichotoma* (Thunb.) Bernh	里白科	芒萁属
紫花崖豆藤	*Millettia kiangsiensis* f. *purpurea* Z. H. Cheng		崖豆藤属	井栏边草	*Pteris multifida* Poir.	凤尾蕨科	凤尾蕨属
胡枝子	*Lespedeza bicolor* Turcz.		胡枝子属	耳羽金毛裸蕨	*Gymnopteris bipinnata* var. *auriculata*		凤尾蕨属
刺藤	*Petermannia cirrosa*	刺藤科	刺藤属	肾蕨	*Nephrolepis auriculata*	肾蕨科	肾蕨属
来江藤	*Brandisia hancei* Hook. f.	玄参科	来江藤属	金狗毛蕨	*Cibotium barometz* (L.) J.Sm.	蚌壳蕨科	金狗毛蕨属
密蒙花	*Buddleja officinalis* Maxim	醉鱼草科		耳形瘤足蕨	*Plagiogyria stenoptera* (Hance) Diels	瘤足蕨科	瘤足蕨属
匍茎通泉草	*Mazus miquelii* (L.)		通泉草属	过山龙	*Lycopodiella cernua*	石松科	小石松属
车前	*Plantago asiatica* L.	车前科	车前属				

经初步鉴定，草灌植物中有被子植物49科83属99种，主要有忍冬科(Caprifoliaceae)、蔷薇科(Rosaceae)、小檗科(Berberidaceae)、山茶科(Theaceae)、杜鹃花科(Ericaceae)、冬青科(Aquifoliaceae)、禾本科(Poaceae)等49个科(表5-2)，其中蔷薇科、忍冬科、禾本科是优势科。蕨类植物主要有卷柏科(Selaginellaceae)、里白科(Gleicheniaceae)、凤尾蕨科(Pteridaceae)、肾蕨科(Nephrolepidaceae)、蚌壳蕨科(Dicksoniaceae)、瘤足蕨科(Plagiogyriaceae)和石松科(Lycopodiaceae)7科中的8种植物(表5-2)，其中蚌壳蕨科金狗毛蕨[*Cibotium barometz* (L.) J.Sm.]属于珍稀濒危植物。

表 5-2　贵州施秉云台山草灌植物种类

分类群	科	属	种
蕨类植物	7	7	8
单子叶植物	8	16	15
双子叶植物	41	66	78
未确定属植物	0	1	1
未确定种植物	0	0	5
合计	56	90	107

二、云台山种群特征与多样性分析

通过 20 个样方(10m×10m)种群特征调查发现，多度在 Cop2(数量多)级以上、频度在 60%以上的植物有火棘、荚蒾、烟管荚蒾、小木通、小果蔷薇、盐肤木等；多度为 Cop2 和 Sp 级(数量尚多、数量不多而分散)、频度在 21%～59%的植物有球核荚蒾、忍冬南天竹、野棉花、缫丝花(刺梨)、野蔷薇、中华绣线菊、小叶栒子、平枝栒子、刺莓、荨麻待定种、山茶花、油茶、过路黄、杜鹃花待定种、头花杜鹃、映山红、野花椒、冬青、毛黄栌、鹅耳枥、榛、化香树、杨梅、金合欢待定种、胡枝子、密蒙花、车前、多花木兰、贵州金丝桃、马桑、茜草、大叶茜草、紫花崖豆藤、匍茎通泉草、刺藤、枫香树、苦荬菜、芒、荩草、狗尾草、蜈蚣草、薹草待定种、香附子、菝葜、黄精、鸢尾、铁芒萁、鸭跖草等；多度为 Sol 和 Un 级(数量很少而稀疏、个别或单株)、频度在 20%以下的植物有小叶六道木、箭叶淫羊藿、十大功劳、贵州绣线菊、覆盆子、鼠李、胡颓子、长叶水麻、楼梯草、荛花、黄花粉叶报春、刺叶冬青、枸骨、匙叶栎、山矾、细本葡萄、来江藤、滇鼠刺、虎耳草、树参、鹅掌柴、山柳、杯腺柳、海桐花待定种、夹竹桃、芫花、结香花树(梦花树)、堇菜、三脉紫菀、马兰、柳叶润楠、三桠乌药、香叶子、卫矛、南蛇藤、鸭儿芹、单花红丝线、紫草、一把伞南星、箭竹、刺子莞、建兰、山兰、七叶一枝花、卷柏、井栏边草、耳羽金毛裸蕨、肾蕨、金狗毛蕨。

此次调研调查到草灌植物中被子植物 49 科 83 属 99 种，通过查阅《贵州植物志》等文献，云台山的植物在喀斯特地区很有代表性，如火棘、烟管荚蒾、小木通、小果蔷薇、盐肤木等均是喀斯特地区普遍分布的植物，而云台山的立体分布，浓缩了贵州省的常见植物。因此，以云台山作为喀斯特地区植物研究的代表区，其成果对指导喀斯特地区的植物研究以及石漠化植被恢复重建有积极的指导意义，海桐、火棘、鹅掌柴等就广泛用于园林绿化(朱勇等，2009)。

喀斯特地区草灌植物多样性丰富，远高于北方地区。尚占环等(2002)采用同样调查方法对宁夏香山地区植物群落多样性的研究表明，在样地共调查到禾本科、菊科、藜科和豆科等 22 科 54 属 74 种植物，祁连山有 25 科 51 属 91 种灌草植物。贵州喀斯特地区生境破碎，立体气候明显，为植物生长提供了丰富的生态位。喀斯特地区植被普遍具有耐瘠薄、嗜钙的适应性生理特点，贵州天然草地生物多样性丰富，野生牧草种质资源丰富，共有可饲用种子植物 203 科 1200 属 5000 多种，种类资源数居全国第二位(苏大学等，1987)。另外，贵州在海拔 137~2900m 的范围内分布的草坪植物资源也有 5 科 30 属 96 种(尚以顺等，1995)。同一个种如白三叶，其遗传多样性也很高(李莉等，2010)。

第二节 喀斯特地区野生白三叶形态多样性研究

在家畜放牧采食等干扰下，草地植物会发生相应的进化：短期干扰下植物发生生理反应以应对组织被采食后碳水化合物供给和光的不足；长期则发生形态学的进化"回避"采食机制以减少被采食的机会而持久存在(Lemaire and Chapman，1996)。"回避"是指减少被采食的可能性和强度，主要表现为结构特性、物理特性等变化，形态特征多样性高(Briske，1996)。贵州于 1905 年引进白三叶种植，后逸生为野生种(王元素等，2012)，广泛分布于全省 66 个县市，占全省总县市的 79.5%(何俊，2008)，白三叶已经成为贵州最主要的豆科牧草。经过 100 多年的进化，其形态特征发生了进化响应。

吴永洁等(2016)在贵州典型喀斯特地区采集 22 份野生白三叶种子于温室内栽培，以观测其形态特征多样性，探索白三叶的形态学差异与地理环境的关系。结果表明，贵州白三叶形态多样性丰富，形态特征变异大小为：匍匐茎长度＞中叶面积＞地上生物量＞生长点个数＞有无 V 形斑点＞株高＞中叶宽＞中叶长 ＞ 生长习性。不同海拔地区白三叶的形态性状均具有广泛的变异，不同性状的变异程度也不同，22 份材料聚类分析分为三类。本研究为开展白三叶遗传多样性、选育出适应喀斯特特殊生态环境的白三叶品种以及多样性与稳定性的关系奠定了基础。

一、贵州野生白三叶分布与采样

2013 年 5~8 月在贵州全省范围内采集野生白三叶种子，收集到有效材料 22 份(表 5-3)。栽培试验与观测在贵州省花溪区贵州省牧草种子检测中心温室进行。

表 5-3 试验材料

材料编号	采样地点	纬度(N)	经度(E)	海拔/m
W1	碧江区川硐镇	27°41′26.80″	109°10′52.07″	258
W2	台江县台供镇万亩草场	26°40′15.22″	108°18′50.57″	638
W3	松桃县大兴镇	27°53′08.32″	109°17′45.04″	687
W4	凤岗县龙泉镇柏梓村	27°57′44.88″	107°43′02.09″	731
W5	台江县台供镇大德村	26°38′34.97″	108°15′06.42″	750
W6	台江县台供镇南市村	26°38′51.79″	108°18′06.92″	755
W7	德江县煎茶镇	28°08′59.08″	107°58′50.06″	820
W8	绥阳县	27°56′51.95″	107°11′28.70″	868
W9	册亨县秧坝镇秧坝村坝纳组	24°53′14.84″	105°49′19.43″	971
W10	黔东南州黄平县新州镇凉风坳半坡	26°55′02.34″	107°53′59.92″	984

续表

材料编号	采样地点	纬度(N)	经度(E)	海拔/m
W11	汇川区董公市镇	27°45′00.85″	106°56′03.89	986
W12	金沙安底乡安底村	27°23′29.98″	106°26′15.14″	1007
W13	台江县方召乡李子村到黄毛地段	26°39′25.48″	108°21′57.56″	1127
W14	六枝特区平寨镇塔山村	26°14′11.7″	105°26′48.1″	1350
W15	黔西林泉王正沟村	27°00′50.97″	105°50′21.49″	1353
W16	兴仁县真武山街道办事处三村叉河组	25°26′01.38″	105°11′10.01″	1355
W17	望谟县打易镇毛坪村上打闹湾组	25°21′46.07″	106°06′28.72″	1364
W18	毕节市七星关历阳山	27°17′54.97″	105°08′18.56″	1509
W19	晴隆县莲城镇五一村南山组	25°49′19.21″	105°12′44.78″	1527
W20	施秉县城关镇小河村	26°49′09.73″	108°20′09.39″	1596
W21	赫章姑妈村	27°12′43.08″	105°08′44.16″	1748
W22	威宁板底村	27°22′16.71″	104°18′48.90″	2198

二、白三叶形态学特征与海拔的关系

贵州不同种质资源间的白三叶在形态上存在较大差异，表现出显著的形态多样性。表 5-4 表明，贵州白三叶种内差异显著，9 个形态特征之间的变异系数都在 20%以上。匍匐茎长度变异系数最大，达 86.60%，变异范围为 1.00~87.00 cm。其余形态特征变异大小为：中叶面积>地上生物量>生长点个数>有无 V 形斑点>株高>中叶宽>中叶长，生长习性的变异系数最小，为 20.23%。

表 5-4　22 份贵州白三叶草试验材料形态性状多样性统计分析

指标	最小值	最大值	平均值	方差	标准差	变异系数/%
株高/cm	3.50	25.00	12.93	12.11	3.48	26.94
生长点个数/个	1.00	9.00	3.29	2.76	1.66	50.35
匍匐茎长度/cm	1.00	87.00	13.47	136.19	11.67	86.60
中叶宽/cm	0.30	3.00	1.45	0.11	0.33	23.01
中叶长/cm	0.30	2.80	1.58	0.12	0.35	22.02
地上生物量/g	0.04	5.81	1.55	0.81	0.90	57.93
中叶面积/cm^2	0.42	5.85	1.51	0.92	0.96	63.22
生长习性	1.00	3.00	1.86	0.14	0.38	20.32
有无 V 形斑点	1.00	2.00	1.27	0.20	0.45	35.05

数量形态性状的分析结果表明(表 5-5)，不同海拔地区白三叶的形态性状均具有广泛的变异，不同性状的变异程度也不同。总体上，株高、地上生物量及中叶面积随着海拔

的升高而呈现下降的趋势，生长点个数及匍匐茎长度随海拔的升高呈上升趋势。

海拔低于 500 m 的区域，白三叶的株高及匍匐茎都呈现出极为显著的差异，变异系数高达 30.45%、80.56%；最矮的为 6.50 cm，最高达 25.00 cm，最长为 20.00 cm，最短只有 2.00 cm。其次是地上生物量、生长点个数、中叶面积、中叶宽及中叶长，其变异系数分别为 47.96%、46.48%、25.35%、16.57%和 15.05%。

海拔为 500～1000m 的区域，白三叶的匍匐茎长度的变异程度最大，达 90.19%，变异范围为 1.00～87.00 cm。其平均长度为 12.84 cm，其中最长的是 W6(台江县台供镇南市村，21.54 cm)，最短的是 W7(德江县煎茶镇，4.06 cm)。其余变异大小为生长点个数＞地上生物量＞中叶面积＞株高＞中叶宽＞中叶长，它们的变异系数分别为 51.23%、50.00%、42.86%、25.21%、22.00%及 20.99%。

海拔为 1000～1500 m 的区域，白三叶匍匐茎长度的变异系数也最大，为 78.21%，变异范围为 2.00～62.00 cm。其平均长度为 15.60 cm，其中最长的是 W16(兴仁县真武山街道办事处三村叉河组，19.33 cm)，最短的是 W17(望谟县打易镇毛坪村上打闹湾组，5.50 cm)。其余变异大小为地上生物量＞生长点个数＞中叶面积＞株高＞中叶长＞中叶宽，它们的变异系数分别为 70.34%、49.56%、35.63%、24.96%、20.39%及 19.12%。

海拔为 1500～2000 m 的区域，白三叶匍匐茎长度呈现极为显著的差异，变异系数高达 84.56%，变异范围为 1.50～49.00 cm。其平均长度为 13.54 cm，其中最长的是 W21(赫章姑妈村，19.30 cm)，最短的是 W20(施秉县城关镇小河村，2.94 cm)。其余变异大小为生长点个数＞地上生物量＞株高＞中叶长＞中叶宽，它们的变异系数分别为 53.38%、58.87%、33.02%、26.24%、24.18%。

海拔高于 2000 m 的区域，匍匐茎长度和地上生物量都呈极显著差异，其变异系数及分别为 79.99%和 61.78%，变异范围范围分别为 2～45cm、0.07～4.49g。其余变异大小为中叶面积＞生长点个数＞株高＞中叶长＞中叶宽，其变异系数分别为 47.29%、44.58%、32.76%、25.76%和 25.00%。

海拔与株高、中叶宽、中叶长及中叶面积呈极显著负极相关，与匍匐茎长度呈显著正相关，地上生物量与海拔高度呈显著负相关(表 5-5)。即随着海拔的提高，白三叶长得越矮小，中叶长、中叶宽、中叶面积也越小，地上生物量也随海拔提升而减少。总体上，在低海拔地区，植株较高但匍匐茎较短；在高海拔地区，植株较矮但匍匐茎较长。而生长习性及有无 V 形斑点与海拔无显著相关性。

表 5-5　不同地理位置白三叶形态学数量性状分析

不同海拔区	项目	株高/cm	生长点个数/个	匍匐茎长度/cm	中叶宽/cm	中叶长/cm	地上生物量/g	中叶面积/cm^2
<500 m	平均值	13.86	2.84	6.02	1.75	1.86	1.96	2.48
	最大值	25.00	5.00	20.00	2.30	2.30	3.58	3.97
	最小值	6.50	1.00	2.00	1.30	1.40	0.11	1.36
	标准差	4.22	1.32	4.85	0.29	0.28	0.94	0.72
	变异系数/%	30.45	46.48	80.56	16.57	15.05	47.96	25.35

续表

不同海拔区	项目	株高/cm	生长点个数/个	匍匐茎长度/cm	中叶宽/cm	中叶长/cm	地上生物量/g	中叶面积/cm²
500~1000 m	平均值	13.29	3.26	12.84	1.50	1.62	1.62	1.89
	最大值	25.00	9.00	87.00	3.00	2.80	4.27	5.85
	最小值	3.50	1.00	1.00	0.60	0.80	0.04	0.36
	标准差	3.35	1.67	11.58	0.33	0.34	0.81	0.81
	变异系数/%	25.21	51.23	90.19	22.00	20.99	50.00	42.86
1000~1500 m	平均值	12.34	3.41	15.60	1.36	1.52	1.45	1.60
	最大值	23.00	8.00	62.00	2.00	2.30	5.81	3.45
	最小值	3.50	1.00	2.00	0.30	0.30	0.15	0.07
	标准差	3.08	1.69	12.20	0.26	0.31	1.02	0.57
	变异系数/%	24.96	49.56	78.21	19.12	20.39	70.34	35.63
1500~2000 m	平均值	12.60	2.96	13.54	1.53	1.41	1.41	1.73
	最大值	25.00	7.00	49.00	2.60	2.50	3.67	4.48
	最小值	3.50	1.00	1.50	0.60	0.70	0.09	0.32
	标准差	4.16	1.58	11.45	0.37	0.37	0.83	0.85
	变异系数/%	33.02	53.38	84.56	24.18	26.24	58.87	49.13
>2000 m	平均值	11.72	3.97	15.04	1.24	1.32	1.57	1.29
	最大值	21.00	7.00	45.00	2.00	2.10	4.49	3.15
	最小值	5.50	1.00	2.00	0.60	0.60	0.07	0.27
	标准差	3.84	1.77	12.03	0.31	0.34	0.97	0.61
	变异系数/%	32.76	44.58	79.99	25.00	25.76	61.78	47.29

三、白三叶形态学性状相关性分析

供试材料主要形态学性状的相关性分析结果如表 5-6 所示，各性状间采用 Person 相关系数分析。结果表明：株高与中叶宽、中叶长、中叶面积及地上生物量呈极显著正相关，与生长点个数、匍匐茎长度、生长习性呈极显著负相关；生长点个数与匍匐茎长度、地上生物量、生长习性呈极显著正相关，与中叶长、中叶宽、中叶面积呈极显著负相关；匍匐茎长度与中叶长、中叶宽、中叶面积及生长习性呈极显著负相关，与地上生物量、有无 V 形斑点呈极显著正相关；中叶长、中叶宽及地上生物量两两呈极显著正相关，同时，中叶长、宽还与有无 V 形斑点呈极显著负相关，地上生物量与生长习性呈极显著正相关；中叶面积与有无 V 形斑点呈极显著负相关。说明，白三叶植株越高，中叶长、中叶宽、中叶面积都较大，地上生物量也越大，而生长点个数越少，偏向于直立生长。生长点个数越多，匍匐茎越长，中叶的长宽及面积都越小，偏向于匍匐不分枝生长。匍匐茎越长，地上生物量越大，偏向于无斑的匍匐不分枝生长。

表 5-6　22 份贵州白三叶草试验材料形态学性状的相关分析

指标	株高/cm	生长点个数/个	匍匐茎长度/cm	中叶宽/cm	中叶长/cm	地上生物量/g	中叶面积/cm²	生长习性	有无V形斑点	海拔/m
株高	1									
生长点个数	−0.128**	1								
匍匐茎长度	−0.094	0.395**	1							
中叶宽	0.438**	−0.175**	−0.220**	1						
中叶长	0.469**	−0.129**	−0.160**	0.818**	1					
地上生物量	0.288**	0.480**	0.555**	0.304**	0.340**	1				
中叶面积	0.461**	−0.190**	−0.225**	0.949**	0.932**	0.314**	1			
生长习性	−0.118**	0.515**	−0.041	−0.009	0.044	0.345**	−0.021	1		
有无V形斑点	0.018	0.046	0.139**	−0.166**	−0.148**	−0.032	−0.168**	0.019	1	
海拔	−0.158**	0.051	0.116*	−0.252**	−0.250**	−0.103*	−0.244**	0.002	−0.019	1

注：*表示 0.05 水平下显著，**表示 0.01 水平下显著

以株高、中叶长、中叶宽、中叶面积、生长点个数、匍匐茎长、地上生物量、海拔、生长习性等作为表观形态性状指标，标准化后对 22 份白三叶材料进行聚类分析（图 5-1），聚类方法选用类平均法，距离测度采用欧氏距离。

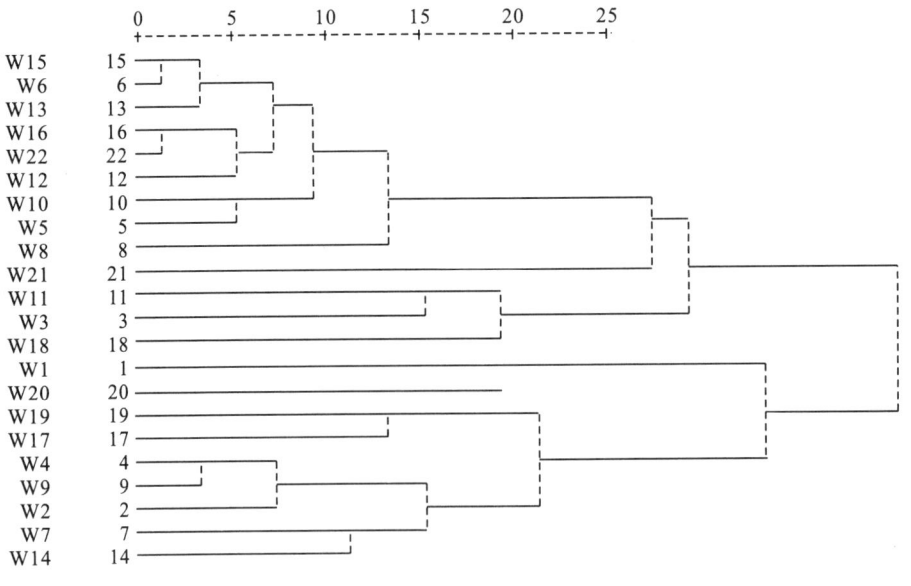

欧氏距离

图 5-1　聚类分析

从种质资源水平上说，先聚到一起的种质材料之间的亲缘关系较近，即距离测度越近的亲缘关系越近。聚类分析表明，大部分来源地域距离邻近的种质材料先聚到一块，

说明它们的亲缘关系较近。根据欧氏距离进行聚类分析的树状聚类图所示，在欧氏距离为 15 处，将 22 份材料聚为 3 类。第一类：W1 和 W20 聚为一类，植株最高（其平均值分别为 14.80cm 和 15.58cm），匍匐茎较短，中叶面积也最大，大多有斑。第二类：生长点个数较多和匍匐茎也较长，地上生物量也较大的材料 W15、W6、W13、W16、W22、W12、W10、W5、W8、W21、W11、W3 及 W18 聚为一类。第三类：W19、W17、W4、W9、W2、W7 及 W14 聚为一类，大多有斑纹，生长点个数和匍匐茎长度介于第一类和第二类之间，地上生物量较小，少数直立生长。这说明，由于遗传具有稳定性，在同一环境中生长的白三叶在形态上也存在较大的差异。

四、白三叶的形态多样性与环境协调进化分析

喀斯特地区野生白三叶形态差异较大，多样性丰富。王玉祥和张博（2012）研究了来自新疆 13 份白三叶试验材料的表型性状，结果发现，其形态特征的变异系数在 8.5%~24.75%；何俊（2008）对国内外 62 份白三叶草种质资源形态多样性进行了分析鉴定，其 15 个重要形态学性状指标变异系数范围为 14.32%~76.51%；而本研究中白三叶的 9 个形态特征的变异系数范围比以上地区的更广泛，为 20.32%~86.60%。喀斯特山区贵州毕节的 12 份野生燕麦的 7 个农艺性状遗传多样性的变异系数范围为 9%~75%（塞黎等，2013），较新疆燕麦的 1.7%~34.89% 和国内外燕麦的 11.29%~52.65%（张向前等，2010）变异范围都大。从生物进化论看，任何物种都在随生境条件的变化而变化；植物的形态特征受本身的遗传组成和所生存环境的影响（王玉祥和张博，2012），由于贵州特殊的喀斯特脆弱的生态环境，海拔变化范围广，石漠化相当严重，并在长期的自然选择和人工选择作用下，白三叶为适应当地生境而形成了其特有的形态特征，因而具有丰富的形态多样性。

白三叶的形态多样性与海拔等因素相关，形态变异与地理起源存在较密切的相关性（Widdup et al.，1996）。本研究的 Person 相关系数分析发现，白三叶的形态特征与海拔呈显著相关，小叶白三叶主要分布于高海拔地区，大叶白三叶则分布于低海拔地区。植物的形态特征与其地理分布及其生境有关，孙雪梅等（2012）发现云南野生茶树形态多样性与其地理分布有关，肖苏等（2008）证明了川渝地区的野生鹅观草的形态特征与其地理分布和生境存在一定的关系。在不同的生境条件下，植物形态学特征发生变化，有利于适应不同环境；白三叶形态变异大，形态可塑性强，生态适应性强。利用植物的表型特征对其进行相关研究，不仅可以初步了解植物遗传变异水平，还可以研究其生物适应和进化的方式、机制及其影响因子等。贵州白三叶形态多样与贵州特殊的喀斯特生态环境有关，将进一步开展白三叶基因型多样性的研究。

第三节　贵州野生白三叶遗传多样性分析

白三叶是中国西南喀斯特地区主推牧草之一，而贵州自然条件和生态类型多样，蕴藏着十分丰富的白三叶草种质资源，是野生白三叶资源最丰富的地区之一（贵州野生白三

叶草资源调查组，1982）。上节研究了贵州白三叶的形态多样性，本节采用分子方法研究其基因型多样性。

多样性的研究主要从四个水平开展，即形态学水平、细胞水平、生化水平和 DNA 分子水平。国内在形态学水平（王玉祥和张博，2012）、细胞水平、生化水平（何俊，2008）上的白三叶多样性研究已取得一定成果，DNA 分子水平的白三叶遗传多样性研究正在逐步开展与深入。少数学者运用 RAPD（李莉等，2010）、SRAP（张婧源，2013）等分子标记方法对白三叶进行了遗传多样性研究。SSR（simple sequence repeat），即简单重复序列，又称微卫星。微卫星 DNA 在真核生物的基因组中广泛存在，SSR 重复基序数目及位置的变化而显示出较强的多态性。同时，SSR 技术具有较高的多态性、标记位点覆盖整个基因组且分布均匀、DNA 样品用量少、技术稳定性好等优点。

李莉等（2017）采用 SSR 分子标记技术，对贵州 22 份野生白三叶样品遗传多样性及亲缘关系进行了研究。结果表明，利用 20 对 SSR 引物共扩增出 202 条带，其中 169 条带具有多态性，多态性位点达 83%；根据 SSR 标记的多态性计算不同采样地野生白三叶样品之间的遗传距离（GD），22 份样品之间的遗传距离介于 0.1406～0.6304，说明样品间遗传差异较大。贵州喀斯特地区野生白三叶的遗传多样性十分丰富。

一、白三叶 SSR 引物名称及其序列

参照 Zietkiewicz 等（1994）及张婧源（2013）的研究，挑选出多样性较高的 26 对 SSR 引物，由大连宝生物公司合成。引物名称及其序列见表 5-7。

表 5-7　SSR 引物名称及其序列

引物	引物序列(5'-3')	引物	引物序列(5'-3')
POI01	AGAAAGGTGAATGATGAAA TCTAATTCTTCCAATAGGG	POI14	TTCAGGCTTCGTAACAACATCAT TGGAGCCGCCAACTTCAT
POI02	TTTTCGCATTGTTTCAGACC CCCTTTCTCAACCCACATC	POI15	TATACATGCCTTTGTTAAATGTG A CTAATACTCGAGAAGCCTCAAGAG
POI03	TGGCTATTACAACTTGGAGA CGAGGCATACTTGATGATGG	POI16	TGTCAGATGTCATGCATATTTCAG TTGAAGTGATTAACGAAGAAGGAG
POI04	TATGCTGGTAGATAAACTTAAA TGCTCTGGAGATTGATGG	POI17	ACATTTGAACATGACATCACCGAA TTCTACTTTGAGGGTGAGCTTTGG
POI05	AAGTGTTGGACAAGGAAACTAGG TCTCTAGATCACCGGCATTG	POI18	TTTTGTCTAATTGCAGAACCATGG TTTAAGTAACAGGTTGATGCGTAC
POI06	CAGTAAAGGAATCTGTTCAAACT AAACACCAATCAGACCGAAA	POI19	ACGGGAGATAATTCATTTCTGAAG GGTCGAGAAATACAACATGCATAC
POI07	GTACCTGGAAATGTTGATT GAGCAGCCATGACCTCTG	POI20	ACATGTCTTTGGATTTATTACAGG TCAGGGCACTATAAAATTAGTGTT
POI08	AGAAAGGTGAATGATGAAA TCTAATTCTTCCAATAGGG	POI21	GAAAATCCATGCTTGTAGCACATC TTTCATGGTTTCAGAAAAGCGATC
POI09	TGAAATTGAGATTTAGGATGAA AATCCCTCTGCATATCAAAG	POI22	CATATTGTGATGGAAACAGATA ATAACCATTGTATCATTGATGA

续表

引物	引物序列(5'-3')	引物	引物序列(5'-3')
POI10	AGGGAAGTAGCATTAAGACAA CATTCTGCGATAACATTGAC	POI23	ATCAGTCAGAAATCCGTGGGC TCGACGCGGAATTGGATAAG
POI11	AGAAAAGAAGAACACCCAGA ACTTTAAGGACATGTTTGGC	POI24	TGGAGTGATGAAGCACAGACACTA ATGCCCAAATTGAATAATGATGTC
POI12	CACTTCTCAATATCATAGCGTG TTTC TGAAACAGTTTCCCAT	POI25	ACCTTTCTTCTCATTGCGTTTC TCTAGAATTTCTCGTTTTCATC
POI13	CCACAACTACAAGTAGGTTT CGTGAATGGTGTTCTATTCT	POI26	AGACCTAAACCAGGGTCCTAATGA GTCTTGCTGCTTCTCAACATTCTG

二、贵州野生白三叶 SSR 多态性分析

0.75%琼脂糖凝胶电泳检测 22 份野生白三叶材料 DNA(结果见图 5-2)。DNA 完整性好,质量高。从供试材料中选出质量较好而形态性状差异较大的 W16 及 W17 对 26 对引物进行筛选,最终选出 20 对多态性好、稳定性强、条带清晰的引物,对 22 份白三叶材料进行 SSR-PCR 扩增,引物扩增结果见表 5-8。共扩增出 202 条带,其中 169 条带具有多态性,多态性比例平均值为 83.00%,引物 POI05 多态性最好,达 92.31%,POI11 多态性最低,仅 62.50%。每对引物的多态性条带数为 5~12,平均每对引物产生 8.45 条多态性条带。引物 POI02 扩增出的条带最多,为 17 条,其扩增出的多态性条带数也最多,有 15 条(图 5-3),而引物 POI26 扩增出的条带数最少,仅有 6 条。20 对引物的多态信息含量范围在 0.3873~0.4990,平均为 0.4748,引物 POI14 最高,而 POI02 最低。不同 SSR 引物的标记指数在 2.4855~5.8095,平均为 3.96。其中 POI17、POI05、POI10 和 POI02 的标记指数值较高,说明这 4 对引物对白三叶具有较高的扩增效率。由此可知,SSR-PCR 分子标记可以较好地检测白三叶遗传位点,通过 SSR 分子标记 PCR 扩增可获得较好的结果。

表 5-8 白三叶种质资源 SSR 分析各引物扩增结果

引物	扩增总带数(TNB)	产生的多态性条带数(NPB)	多态性比例(PPB)	多态性信息含量(PIC)	标记指数(MI)
POI07	8	7	87.50%	0.4688	3.2816
POI08	11	10	90.91%	0.4769	4.7690
POI09	11	10	90.91%	0.4923	4.9230
POI10	12	10	83.33%	0.4913	4.9130
POI11	8	5	62.50%	0.4984	2.4920
POI12	9	8	88.89%	0.4571	3.6568
POI13	8	7	87.50%	0.4977	3.4839
POI26	6	5	83.33%	0.4971	2.4855
POI04	10	7	70.00%	0.4967	3.4769
POI03	9	6	66.67%	0.4916	2.9496
POI02	17	15	85.71%	0.3873	5.8095

续表

引物	扩增总带数(TNB)	产生的多态性条带数(NPB)	多态性比例(PPB)	多态性信息含量(PIC)	标记指数(MI)
POI05	13	12	92.31%	0.4724	5.6688
POI06	9	8	88.89%	0.4494	3.5952
POI01	12	10	83.33%	0.4715	4.7150
POI25	9	7	77.78%	0.4628	3.2396
POI24	7	6	85.71%	0.4851	2.9106
POI22	10	9	90.00%	0.4541	4.0869
POI14	8	6	75.00%	0.4990	2.9940
POI16	11	9	81.82%	0.4859	4.3731
POI17	14	12	85.71%	0.4603	5.5236
总数	202	169	1657.8%	9.4957	78.1900
平均值	10.1	8.45	82.89%	0.4748	3.9600

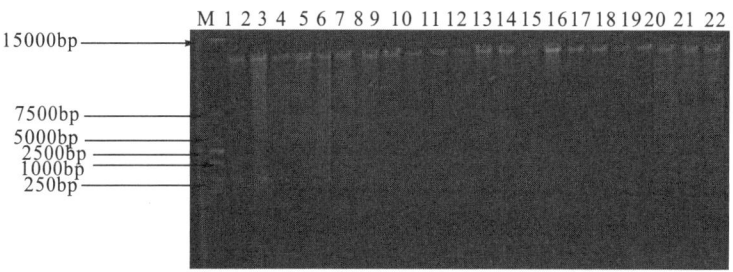

图 5-2 22 份野生白三叶材料基因组 DNA 电泳结果图

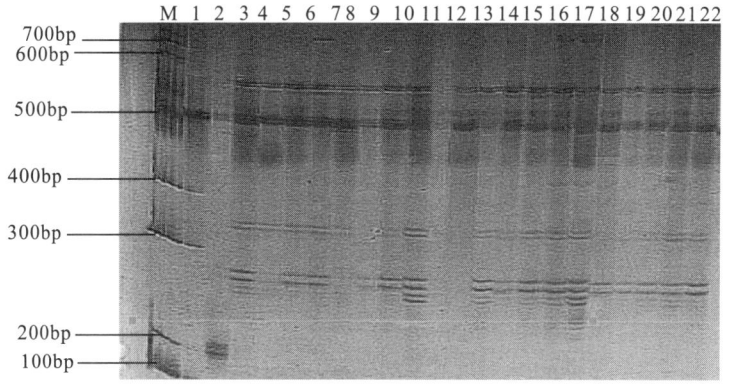

图 5-3 引物 POI02 22 份野生白三叶材料种质 SSR 扩增电泳图

SSR 分子标记可以应用于白三叶种质资源材料的识别、区分,且多态性较高。本研究筛选出 20 对多态性较高的 SSR 引物,平均扩增出的多态性比率为 83.0%,高于安晓珂 (2008) 利用 RAPD 标记引物扩增出的多态性比率 75% 和李润芳 (2010) 利用 SRAP 标记得到的引物多态性比率 53.8%的结果，而牟彤(2013)利用 SSR 标记对经秋水仙素诱变的白三叶突变体进行扩增的多态性比率高达 92.1%。可用 SSR 标记位点的平均 PIC 值来评价白三叶群体的遗传多样性水平，PIC 值越高则群体的 SSR 标记位点变异程度越大，群体的遗传多样性也越丰富。本研究中 22 份贵州野生白三叶的 SSR 标记位点的平均 PIC 平均值为 0.4748，较张婧源(2013)研究的 70 份白三叶材料的 SSR 标记位点的平均 PIC 值(0.3342)高，表明贵州野生白三叶种质资源的遗传多样性十分丰富，这与贵州特殊的喀斯特生境及复杂多样的气候有关。

三、贵州野生白三叶遗传距离分析

根据白三叶种质间 Nei-Li 相似系数进行聚类分析(图 5-4)。当相似系数为 0.64 时，22 份贵州野生白三叶材料被分成了 3 类：第一类是 W14(六枝特区平寨镇塔山村，h=1350)，从 SSR 标记来看，W14 与其余材料的遗传距离较远，最早被分开独立成一类。第二类包括 W2、W4、W8、W18，即来自台江县供镇万亩草场、凤岗县龙泉镇柏梓村、绥阳县及毕节市七星关区历阳山，材料间遗传距离较近，表明这四个材料差异不大。第三类为剩下的 17 个材料，它们之间有着复杂的遗传关系。当相似系数为 0.67 时，可将第三大类细分成三个聚类，W1 和 W20 的遗传距离较小，聚为一类，W6 和 W13 聚为一类，其余的聚为一类。由表 5-9 可知，根据 22 份白三叶 Nei-Li 相似系数进行聚类与遗传距离具有较好的一致性。

聚为第三大类的 17 份材料的遗传距离小，亲缘关系较近，遗传基础狭窄，不适合进行亲本杂交，需引入一些新材料，拓展亲本遗传基础。而 W14 与其余材料的亲缘关系较远，可以考虑将其作为杂交亲本。张婧源(2013)曾用 SRAP 和 SSR 标记分析 70 份白三叶材料间遗传多样性，测得其相似系数平均值分别为 0.7307 和 0.6613。李润芳等(2010)对 7 份白三叶材料进行 SRAP 标记分析，得到平均遗传相似系数为 0.854。以上结果表明，所用遗传标记不同或供试材料不同，所获得的白三叶遗传多样性的结论也存在一定的差异。为此，若想更准确、全面地了解白三叶遗传多样性，应采用多种不同的遗传标记对其进行分析。

遗传多样性研究是生物多样性的重要组成部分，也是种质资源合理开发利用的理论基础，因此，开展白三叶遗传资源的多样性分析可为培育优良品种提供基础数据。由于 SSR 分子标记可检测到 DNA 分子结构上的变异，从本质上反映研究材料的差别，具有共显性、稳定性好、灵敏度高及操作简单等优点(Zietkiewicz et al, 1994)，已广泛应用于生物进化、分子标记辅助育种及生物遗传多样性等研究领域。亲本材料的选择是育种工作的重要基础，遗传基础狭窄将阻碍突破性品种的培育。在白三叶的遗传改良和变异筛选工作中，可优先选择遗传多样性较丰富的材料作为亲本，并优先考虑在含特有等位基因的材料中进行优良变异单株的选择。因此研究亲本材料的遗传多样性，比较分析材料相互间亲缘关系，对于培育优质品种具有重要的指导意义。

表 5-9 贵州 22 份野生白三叶材料基于 SSR 分析遗传距离

	W1	W2	W3	W4	W5	W6	W7	W8	W9	W10	W11	W12	W13	W14	W15	W16	W17	W18	W19	W20	W21	W22
W1	0																					
W2	0.1889	0																				
W3	0.1637	0.2149	0																			
W4	0.1831	0.4001	0.1406	0																		
W5	0.3404	0.3823	0.3364	0.2544	0																	
W6	0.2972	0.3527	0.3614	0.3154	0.2770	0																
W7	0.2293	0.2681	0.2659	0.2439	0.3611	0.2884	0															
W8	0.2439	0.1849	0.3113	0.3461	0.3201	0.3226	0.2183	0														
W9	0.2611	0.3131	0.3058	0.2631	0.3654	0.3288	0.2450	0.4043	0													
W10	0.3530	0.3558	0.3129	0.2790	0.2274	0.3094	0.2216	0.3861	0.3253	0												
W11	0.2128	0.3054	0.2849	0.3257	0.3612	0.3489	0.3224	0.3215	0.2882	0.3596	0											
W12	0.2806	0.2442	0.2584	0.2283	0.3636	0.3216	0.2512	0.4242	0.3975	0.4385	0.2563	0										
W13	0.2495	0.2834	0.2875	0.3214	0.3570	0.1831	0.2492	0.3724	0.4273	0.4962	0.2640	0.2116	0									
W14	0.4744	0.3162	0.5558	0.4663	0.4825	0.3685	0.5282	0.4527	0.4143	0.5623	0.6304	0.5682	0.5280	0								
W15	0.3241	0.3233	0.2815	0.3393	0.4325	0.4394	0.3751	0.3715	0.3303	0.3629	0.3268	0.2452	0.3226	0.4654	0							
W16	0.3127	0.3375	0.3101	0.2765	0.3570	0.3565	0.3417	0.3289	0.3005	0.3554	0.3805	0.2520	0.1598	0.4391	0.3648	0						
W17	0.2297	0.2432	0.3201	0.3201	0.4231	0.3724	0.3707	0.3706	0.3876	0.3184	0.4053	0.2706	0.2919	0.4797	0.2978	0.2692	0					
W18	0.3445	0.3635	0.3256	0.2256	0.3781	0.4123	0.3273	0.3952	0.3914	0.4694	0.4362	0.3398	0.3223	0.4417	0.4187	0.4359	0.3441	0				
W19	0.2271	0.2601	0.2945	0.3058	0.4181	0.4926	0.4273	0.3246	0.3801	0.3390	0.4017	0.2792	0.3597	0.3949	0.3797	0.3971	0.2992	0.3914	0			
W20	0.1721	0.4529	0.4179	0.3480	0.4871	0.4481	0.3382	0.3558	0.3512	0.3347	0.4226	0.2435	0.2848	0.4731	0.3261	0.2962	0.3672	0.3714	0.3390	0		
W21	0.3245	0.3012	0.3179	0.2859	0.1567	0.2859	0.2515	0.3947	0.4027	0.3511	0.4111	0.3145	0.3216	0.4321	0.3157	0.3863	0.3813	0.3567	0.4526	0.3225	0	
W22	0.3245	0.3279	0.3088	0.2802	0.4647	0.4350	0.3172	0.3680	0.3841	0.4318	0.3927	0.3035	0.3152	0.3965	0.3231	0.3391	0.4071	0.3612	0.3969	0.2719	0.3984	0

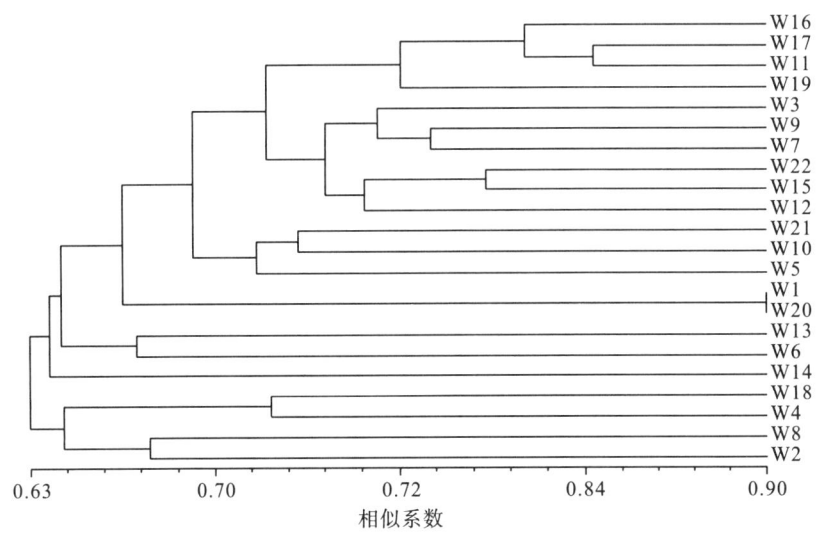

图 5-4　22 份野生白三叶材料 SSR 分子标记基于 Nei-Li 的相似系数的 UPGMA 聚类图

第四节　野生白三叶同一花序遗传多样性分析

植物在进化过程中，形成了适应外界环境变化的功能性状，但研究表明植物遗传背景是植物功能性状变异的主要来源之一，甚至大于环境因素的影响（Zhang et al., 2011）。张莉等（2013）的研究也提出研究植物性状对环境变化的响应，必须明确遗传背景与环境对植物性状的相对影响，以排除遗传背景的作用。

在植物不同花或花序之间存在不同程度的繁殖资源分配和竞争问题，即植株不同部位的花甚至同一个花序内不同部位的花的地位是不平等的，存在明显的位置效应，导致同株植物甚至同一花序不同位置的小花、果实和种子的数量、大小、形态及繁殖效率可能存在差异。张鹤山等（2012）的研究表明不同取样地红三叶的单株花序数和单个花序小花数的变异是多样性体现的重要指标，统计不同部位头状花序的生物量投入，并分析了存在于总状花序内资源分配上的结构效应及其对不同生境条件的反应。

白三叶是多年生豆科牧草，严格异花授粉植物。采用温室大棚培养，用来源于同一花序的白三叶作为试验材料研究贵州野生白三叶形态多样性，排除环境因素对试验的影响，在同一花序水平上研究形态多样性，可以减少基因漂移和花粉污染等因素的影响，为进一步研究其遗传水平上的多样性提供基础数据。目前，SSR 已被广泛应用于各种研究，如遗传多样性分析、种质分子身份证的构建、遗传连锁图绘制及 QTL 定位、目标性状基因定位和分子标记辅助育种等。李莉等（2019）以贵州省境内 19 份野生白三叶材料为研究对象，采用 SSR 分子标记技术，对分别来源于同一花序的贵州野生白三叶材料进行遗传多样性及亲缘关系的研究，比较同一花序水平上的遗传多样性，结果表明，多态性位点的百分率范围在 76.92%～92.31%，平均多态性为 86%。

一、白三叶同一花序 SSR 多态性分析

采用 0.75%的琼脂糖凝胶电泳对提取的 19 份野生白三叶材料 DNA 进行检测(结果见图 5-5),DNA 的完整性较好,纯度较高。

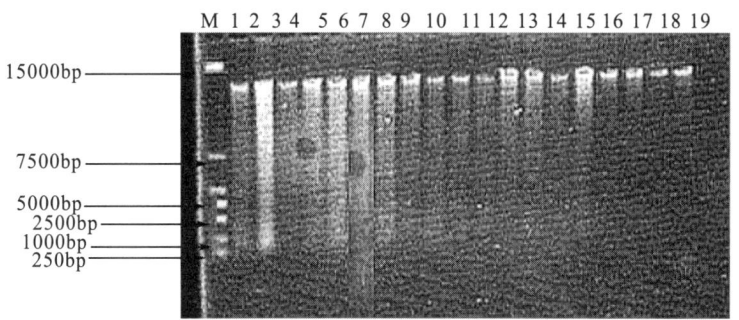

图 5-5 19 份野生白三叶材料 DNA 电泳结果图

20 对多态性引物共扩增出 207 条带,其中 178 条带具有多态性,引物 POI03 扩增出的条带最多,为 18 条;引物 POI24 扩增出的条带最少,仅有 6 条。20 对引物多态性比例为 76.92%~92.31%,平均多态性为 86%。每对引物的多态性条带数为 6~15,平均每对引物产生 8.9 条多态性带。20 对引物对 19 份白三叶材料 SSR 的 PCR 扩增条带的多态信息含量范围在 0.3806~0.4997,平均为 0.4632。不同 SSR 引物的标记指数在 1.98~7.08,平均为 4.164。引物 POI07、POI08、POI11、POI09、POI05、POI26、POI14、POI16、POI10 和 POI03 可扩增出条带较多,达 10 条以上,其中引物 POI03 可扩增条带和多态性条带最多(图 5-6),说明这些引物对白三叶具有较高的扩增效率。

表 5-10 白三叶种质资源 SSR 分析各引物扩增结果

引物	扩增总带数(TNB)	产生的多态性条带数(NPB)	多态性比例(PPB)	多态性信息含量(PIC)	标记指数(MI)
POI07	10	8	80.00%	0.4433	3.5464
POI08	11	10	90.91%	0.4875	4.8750
POI09	14	12	85.71%	0.4908	5.8896
POI10	13	11	84.62%	0.4952	5.4472
POI11	15	13	86.67%	0.4842	6.2946
POI12	7	6	85.71%	0.4823	2.8938
POI13	7	6	85.71%	0.4997	2.9982
POI26	13	10	76.92%	0.4770	4.7700
POI04	9	7	77.78%	0.4138	2.8966
POI03	18	15	83.33%	0.4720	7.0800
POI02	7	6	85.71%	0.3806	2.2836

续表

引物	扩增总带数(TNB)	产生的多态性条带数(NPB)	多态性比例(PPB)	多态性信息含量(PIC)	标记指数(MI)
POI05	13	12	92.31%	0.4862	5.8344
POI06	9	8	88.89%	0.4186	3.3488
POI01	7	6	85.71%	0.4986	2.9916
POI25	8	7	87.50%	0.4272	2.9904
POI24	6	5	83.33%	0.3960	1.9800
POI22	9	8	88.89%	0.4740	3.7920
POI14	12	11	91.67%	0.4796	5.2756
POI16	11	10	90.91%	0.4654	4.6540
POI17	8	7	87.50%	0.4913	3.4391
总数	207	178	1719.78%	9.2633	83.2809
平均值	10.35	8.9	85.99%	0.4632	4.1640

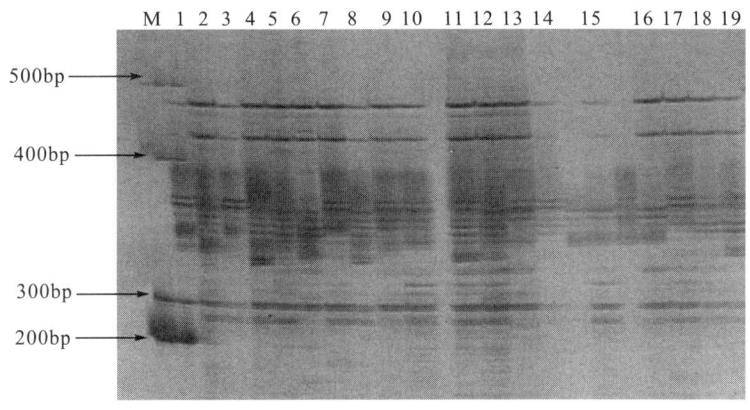

图 5-6　引物 POI03 19 份野生白三叶材料 SSR 扩增电泳图

二、白三叶同一花序遗传距离分析

基于 SSR 分析的遗传相似性系数(表 5-11),利用 UPGMA 法对 19 份供试白三叶材料之间的遗传关系进行聚类分析(图 5-7)。在相似系数为 0.60 时,把 19 份白三叶材料划分为 3 大类。第一类是 W18,最早被分开独立成一类,从 SSR 标记来看,W18 与其余材料的亲缘关系较远。第二类包括 W2 和 W13,表明这两个居群间亲缘关系较近,遗传差异不大。第三类为剩下的 16 个品种,居群间的遗传关系较复杂。当相似系数为 0.70 时,可将第三大类细分成三个聚类,W17 独聚为一类。W11、W14、W12、W16 和 W1 及 W7 聚为一类,表明这 6 个居群间白三叶遗传距离较小。其余的白三叶居群聚为一类。由表 5-11 可知,根据 19 份白三叶材料 Nei-Li 相似系数进行聚类与遗传距离具有较好的一致性。

表 5-11 19 份贵州同一花序野生白三叶材料基于 SSR 分析遗传距离

	W1	W2	W3	W4	W5	W6	W7	W8	W9	W10	W11	W12	W13	W14	W15	W16	W17	W18	W19
W1	0																		
W2	0.3808	0																	
W3	0.3454	0.3214	0																
W4	0.3304	0.3294	0.2433	0															
W5	0.2739	0.2535	0.2211	0.2916	0														
W6	0.3026	0.3141	0.2030	0.2301	0.2277	0													
W7	0.173	0.2969	0.3065	0.2930	0.2191	0.2205	0												
W8	0.3494	0.3037	0.1993	0.2473	0.2251	0.1700	0.2473	0											
W9	0.2918	0.3933	0.2904	0.2663	0.3083	0.2139	0.3093	0.2836	0										
W10	0.3142	0.3582	0.2689	0.2876	0.2755	0.2432	0.2769	0.2769	0.3381	0									
W11	0.2025	0.2759	0.2744	0.2719	0.2091	0.2205	0.1919	0.2372	0.2558	0.2352	0								
W12	0.0554	0.3933	0.3235	0.3315	0.2972	0.3150	0.1952	0.3503	0.2822	0.3154	0.2050	0							
W13	0.3965	0.2532	0.3195	0.3630	0.3154	0.3541	0.2600	0.3352	0.3963	0.4090	0.3392	0.4090	0						
W14	0.2165	0.3333	0.2575	0.2969	0.2331	0.2340	0.2864	0.3037	0.2808	0.3132	0.1581	0.2090	0.3550	0					
W15	0.3530	0.3395	0.2313	0.2191	0.2689	0.2473	0.2704	0.2664	0.2542	0.3308	0.3024	0.3538	0.3271	0.3064	0				
W16	0.0425	0.3541	0.3194	0.3274	0.2714	0.3109	0.1813	0.3461	0.2781	0.3340	0.1911	0.0463	0.3549	0.2148	0.3613	0			
W17	0.3224	0.4378	0.3429	0.2536	0.3736	0.2613	0.2850	0.3357	0.3348	0.3123	0.3285	0.3123	0.3918	0.3214	0.3503	0.3194	0		
W18	0.4489	0.3681	0.3925	0.2731	0.4134	0.3223	0.4005	0.3366	0.3600	0.3968	0.3882	0.4350	0.3338	0.3800	0.3521	0.4440	0.3443	0	
W19	0.3611	0.2930	0.2599	0.2271	0.2051	0.2261	0.2679	0.2132	0.3503	0.2836	0.2372	0.3388	0.3352	0.2719	0.3094	0.3347	0.3025	0.3601	0

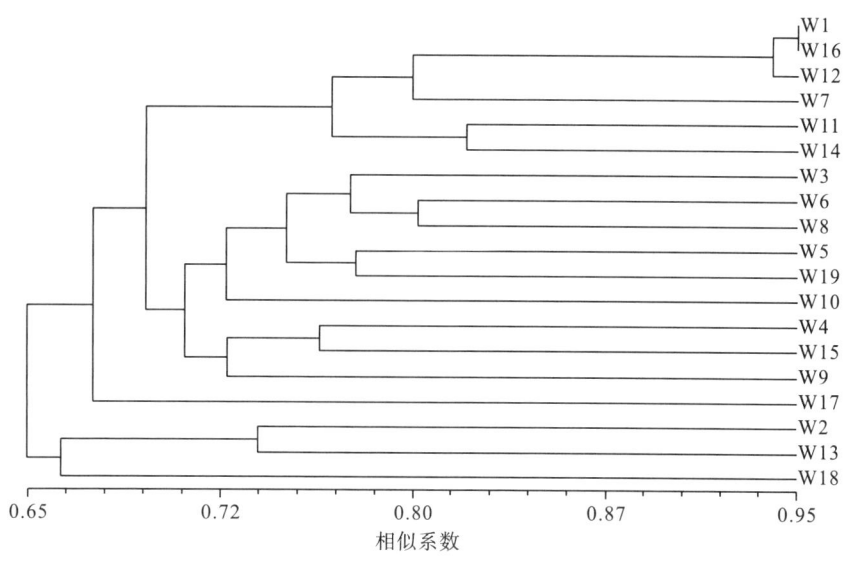

图 5-7　UPGMA 聚类图

三、植物遗传多样性的影响因素

基因与环境共同决定了生物的表型特征，空间分离群体之间的隔离和基因流动的程度决定了遗传差异、生殖隔离和物种形成的潜在能力。植物的花粉与种子类型、散布方式和散布范围会对遗传多样性造成影响。风媒传粉的植物与虫媒传粉的植物比花粉（种子）的传播距离远，由其介导的基因流相对较高，遗传多样性也相应会高。世代周期短的野生植物群体要比世代周期长的野生植物群体遗传多样性丰富。植物基因流的大小，很大程度上取决于植物的繁殖方式和繁殖体的移动方式。异交、混交植物的基因流明显大于自交植物，风媒传粉植物的基因流大于动物传粉和自花授粉植物。基因流有助于提高植物群体的遗传多样性水平，防止种群分化 (Slatkin, 1987)。遗传漂变和自然选择都会使群体之间的差异增加，而基因流的作用会使群体之间的差异减小。随着人类活动的增加，人为干扰会对植物遗传多样性造成十分显著而深刻的影响。森林资源的破坏和过度利用、草地过度放牧和垦殖、城镇化和旅游业的发展、外来物种的大量引进和入侵等确定性人为因素是造成现代物种灭绝的第一位原因，尤其是生境丧失、生境破坏以及过度利用对物种生存威胁最为严重。

白三叶原产于欧洲和北非，在中国西南、东南、东北等地均有野生种分布。白三叶为天然异源四倍体植物，具有自交不亲和性。因此，在遗传组成上具有高度杂合的特性，无论是种群内还是种群间皆具有丰富的遗传变异，其形态特征可塑性较大。白三叶形态变异与地理起源呈较密切的相关性，而不同起源的白三叶亦出现了相似的遗传分化，原产于欧洲的白三叶形态朝不同方向的进化趋势明显。

四、白三叶在同一花序水平上的遗传多样性分析

研究同一花序的白三叶，因其遗传物质只来自母本，可以更加精确地了解纯种白三叶

的遗传信息。22份白三叶居群间的遗传多样性比19份同一花序白三叶的遗传多样性高。

　　本研究表明基于SSR标记的聚类结果与对表型性状数据的聚类结果并不完全一致。基于表型性状数据的聚类分析中材料W7独自成一类，基于SSR分析时W18最早被分开独立成一类，但两种分析结果都与环境相关性较小。说明环境因素并不是影响贵州野生白三叶居群间基因交流的唯一因素。造成这两个结果不一致的原因可能有，表型性状包括内容十分广泛，本研究所选取的10个表型性状，只能在一定程度上揭示其表型多样性。有些表型性状的改变还没有引起DNA水平的变异(如内含子的变异)。

　　DNA标记位点的引物多态性信息含量的平均值即平均PIC值，可用于评价群体的遗传多样性水平，即群体的平均PIC值越大，表明群体的DNA标记位点变异程度越大，群体的遗传多样性越丰富。本研究中19份同一花序贵州野生白三叶材料平均PIC为0.4632，略小于22份贵州野生白三叶材料居群间的平均PIC(0.4748)，表明22份白三叶居群间的遗传多样性比19份同一花序白三叶遗传多样性高。这与Nei-Li相似系数一致，前者相似系数范围为0.63~0.90，后者范围在0.65~0.95，即总体上后者之间的亲缘关系较前者近。造成这结果的原因可能有：①22份白三叶材料居群包含的海拔区域更广泛，白三叶生长地的小气候更复杂多样，而导致白三叶变异水平偏高；②居群间白三叶可能通过杂交扩展了其遗传基础，来自同一花序的白三叶类似于自交的植物或自花授粉，亲缘关系较近而降低物种的遗传多样性。

第五节　白三叶形态和遗传多样性对时间梯度的响应

　　连续多年研究表明，白三叶是我国喀斯特地区混播草地中最稳定的牧草种群之一，而且侵袭性最强(王元素等，2014)。前面探讨了不同地域下的白三叶形态多样性和遗传多样性。白三叶基因多样性受微环境的影响很大，不同地区其遗传变异性不尽相同。继续开展白三叶时间梯度的遗传多样性研究，对理解喀斯特地区白三叶种群的稳定持久性有重要的意义。

　　贵州省威宁县有100年、40年和20年的白三叶草地。对3个不同年限的白三叶地块进行调查，收集种子进行温室培养，分别进行形态学观测；取新生叶片进行DNA提取与扩增，分析遗传多样性。结果表明，白三叶的形态学特征随利用年限的增加而进化，单株叶数、生长点个数、中叶长、中叶长宽比以及种群内个体之间变异性随着年限的增加而增加，而叶层高度、中叶宽则下降。三个不同年龄草地的平均单株叶重、根重、地上生物量、地上DM与地下DM的比值等指标数值接近，差异不显著。但是，与茎有关的指标如茎重等差异显著，匍匐茎生物量随年限的增加而增加，以回避动物采食等干扰，并有利于占据动态空斑而增加种群的持久性。100年白三叶的等位基因数没有20年的高，意味着年限越长的种群以少数大克隆体占优势。

一、白三叶形态学特性对时间的响应

　　不同时间梯度的白三叶形态学特征有很大的差异性(表5-12)。开始分枝即80日龄

的单株叶片数以 C 样(100 年草地)的最高,显著高于 A 样(20 年草地)和 B 样(40 年草地)($P < 0.05$),但种群内的变异系数也最高,分别比 A 样和 B 样高出 20.39 个百分点和 25.83 个百分点,单株叶片数最多的是最少的 16 倍。A 样和 B 样的叶片数、变异系数和数量范围都非常接近。

表 5-12 白三叶形态学数量性状分析[§]

项目			个体数	平均值	标准差	变异系数/%	最小值	最大值
80 日龄	叶数/(个·株$^{-1}$)	A	49	5.65a	2.68	47.43	3.00	13.00
		B	50	6.36a	2.67	41.99	3.00	13.00
		C	48	8.02b	5.44	67.82	2.00	32.00
150 日龄	叶数/(个·株$^{-1}$)	A	49	13.55a	6.41	47.30	4.00	27.00
		B	50	19.16b	8.21	42.86	4.00	41.00
		C	47	19.77b	13.07	66.13	2.00	64.00
	中叶长/cm	A	49	0.98a	0.22	22.55	0.55	1.50
		B	50	0.89b	0.18	20.58	0.55	1.40
		C	47	0.83b	0.20	23.72	0.50	1.30
	中叶宽/cm	A	49	1.02a	0.24	23.64	0.55	1.60
		B	50	0.92b	0.20	21.38	0.55	1.40
		C	47	0.80c	0.19	23.93	0.50	1.20
	长宽比	A	49	0.97a	0.11	11.23	0.78	1.38
		B	50	0.98a	0.09	8.94	0.80	1.29
		C	47	1.04b	0.08	7.31	0.89	1.20
	叶高/cm	A	49	5.85a	1.68	28.72	2.90	9.90
		B	50	5.11b	1.48	28.95	1.80	9.00
		C	47	4.80b	1.31	27.36	2.40	7.90
	生长点个数/(个·株$^{-1}$)	A	49	3.37a	1.54	45.64	1.00	6.00
		B	50	4.84b	2.36	48.74	1.00	11.00
		C	47	4.87b	3.14	64.42	1.00	16.00
	分枝长/cm	A	49	2.70a	3.47	128.69	0.10	14.90
		B	50	7.42b	8.03	108.31	0.10	37.00
		C	47	7.78b	10.81	138.87	0.00	47.50

注:在温室培养 150 天测定;A 为 20 年白三叶,B 为 40 年白三叶,C 为 100 年白三叶

到 150 日龄时,单株叶片数与 80 日龄时有所不同。平均单株叶片数以 A 样的最低($P < 0.05$),只有 B 样和 C 样的 70%左右。但种群内变异系数最大的仍然是 C 样,分别比 A 样和 B 样高 18.83 个百分点和 23.27 个百分点,最多株是最少株的 32 倍。B 样和 C 样的变异系数接近。

150 日龄时中叶长以 A 样的最长($P < 0.05$),分别是 B 样和 C 样的 110%和 118%;三个样地的种群内变异系数很接近,在 20.58%~23.72%,最小值与最大值范围也非常接近。

150 日龄时中叶宽三个样地之间差异显著($P < 0.05$),最宽的是 A 样,其次是 B 样,最窄的是 C 样。三个样地种群内变异系数范围在 20%左右,A、B、C 样种群内叶宽最大

值分别是最小值的 2.91 倍、2.55 倍和 2.40 倍，而种群之间差异不大。

中叶长宽比主要用来描述叶片的形状。长宽比值以 C 样的最大（$P < 0.05$），其比值大于 1，说明 C 样的叶长大于叶宽，为椭圆形；A 和 B 样的比值都小于 1，说明二者的叶片多为心形。三个样的种群内变异系数都不大，表明叶形是稳定的形态学性状。

叶片高度以 A 样最高（$P < 0.05$），分别比 B 样和 C 样高出 14.48%和 21.88%。三个样的种群内变异系数比较大，都接近 30%。

每株的生长点个数以 A 样的最少，分别比 B 样和 C 样低 30.37%和 30.80%。但三个样种群内的变异系数都很大，其中最高的是 C 样（64.42%），分别比 A 样和 B 样高出 18.78 个百分点和 15.68 个百分点。

单株分枝长度用来显示白三叶的侵占力和地上生物量。分枝长度最短的是 A 样（$P < 0.05$），仅相当于 B 样和 C 样的 36.39%和 34.70%。三个种群的变异系数却非常高，分别为 128.69%、108.31%和 138.87%。比如 C 样中，最短的一株还没有分枝，而最长的已经达到 47.50 cm，说明种群内个体之间差异非常大。

基于 150 日龄各形态学变量之间的 Pearson 相关系数绘制的系统树状聚类图见图 5-8，可以看出，叶数、生长点个数和分枝长度有很紧密的相关性，白三叶分枝越长，生长点个数越多，叶数就越多。而中叶的长宽比（即叶形）与叶层高、中叶长、中叶宽相关，其中叶层高与中叶长相关性高。

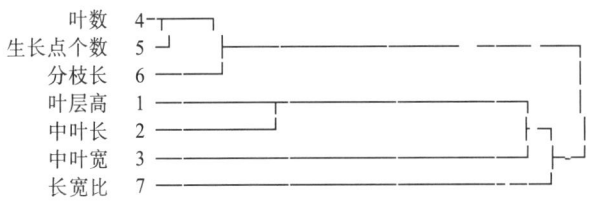

图 5-8　白三叶形态学变量相关性聚类树状图

图 5-9 直观地表现了三个不同年龄白三叶形态学特征的差异。温室培养 80 日龄时，100 年和 50 年的已经开始分枝，叶数多，而 20 年的个体小，基本上没有分枝，叶数少。到 180 日龄，100 年白三叶分枝多、匍匐茎长，叶片茂密、斜生，20 年的仍然分枝很少，叶片少而直立，而 40 年的介于二者之间。

(a)

(b)

(a) 80 日龄时比较，种群内差异很大，有的已经分枝，有的只有 2 片叶片　(b) 150 日龄，近 50 年样地的白三叶形态学特征介于 20 年的和 100 年的　(c) 150 日龄，100 年样地匍匐茎多而长　(d) 150 日龄，20 年样地的匍匐茎少，直立

图 5-9　三个年龄白三叶种子温室培养

在温室培养 180 天后，对所有植株进行重量相关特征的分析。结果表明（表 5-13），三个不同年龄草地的平均单株叶重、根重、地上生物量、地上生物量与地下生物量的比值等指标数值接近，差异不显著。但是，与茎有关的指标如茎重等差异显著。即草地年限越大的白三叶，茎的生物量越高。20 年草地（A）的茎重和茎根比值显著低于 40 年（B）和 100 年草地的（C）（$P < 0.05$），只分别为 B 和 C 的 57%～47%。而 A 的叶茎比值显著高于 B、C 草地的（$P < 0.05$），分别为 B 和 C 的 1.97 倍和 2.43 倍。

表 5-13　白三叶重量特征分析[§]

项目	个体数	平均值	标准差	变异系数	最小值	最大值
平均单株叶重/(g·株$^{-1}$)						
A	44	0.254	0.115	0.451	0.054	0.432
B	39	0.283	0.128	0.452	0.053	0.675
C	25	0.250	0.238	0.950	0.034	0.943
茎重/(g·株$^{-1}$)						
A	44	0.085a	0.068	0.794	0.000	0.279
B	39	0.148b	0.093	0.631	0.018	0.442
C	25	0.182b	0.200	1.097	0.000	0.807
根重/(g·株$^{-1}$)						
A	44	0.170	0.115	0.675	0.021	0.456
B	39	0.178	0.093	0.523	0.027	0.475
C	25	0.185	0.174	0.937	0.017	0.669
地上生物量/(g·株$^{-1}$)						
A	44	0.339	0.173	0.509	0.062	0.648
B	39	0.431	0.211	0.490	0.071	1.117
C	25	0.433	0.420	0.971	0.034	1.750
叶茎比						
A	43	4.497a	3.011	0.670	1.323	16.667

续表

项目	个体数	平均值	标准差	变异系数	最小值	最大值
B	39	2.277b	1.003	0.441	1.196	4.632
C	22	1.848c	1.169	0.632	0.167	4.939
茎根比						
A	44	0.501a	0.279	0.557	0.000	1.303
B	39	0.870b	0.443	0.510	0.319	2.329
C	25	0.828b	0.446	0.539	0.000	1.780
地上/地下生物量						
A	44	2.305	0.829	0.360	1.176	5.621
B	39	2.566	0.915	0.356	1.346	6.293
C	25	2.308	0.679	0.294	1.029	3.457

注：在温室培养 180 天测定；A 为 20 年白三叶，B 为 40 年白三叶，C 为 100 年白三叶

叶重、茎重、根重、地上生物量等指标的种群内变异系数则随着草地年限的增加而增大。如 20 年草地的个体变异系数为 0.451，而 100 年的则为 0.950，增大了 1 倍多。叶茎比、茎根比、地上与地下生物量比等比值则变异系数相似，不随草地年限的增加而变化。

随着年限的增加，白三叶形态学特征发生变化以适应环境，单株叶数、生长点个数、中叶长、中叶长宽比以及种群内个体之间变异性随着年限的增加而增加，而叶层高度、中叶宽则下降。三个不同年限草地处理的平均单株叶重、根重、地上生物量、地上生物量与地下生物量的比值等指标数值接近，差异不显著($P > 0.05$)。但是，与茎有关的指标如茎重等差异显著。这是白三叶为适应踩踏和家畜采食而产生的形态学变化。植物个体水平上对放牧利用有两种响应对策：短期发生生理反应以应对光和组织被采食后碳水化合物的供给不足；长期则发生形态学的进化"回避"机制以减少被采食的机会而持久存在(Briske, 1996)。在长期放牧下"回避"型植物呈垫伏状，更利于持久存在(Detling and Painter, 1983)。本研究中，白三叶年限越长，叶片数减少，而茎生物量增加，这是"回避"机制的结果。回避机制随放牧强度增加而增强的现象叫诱导防御(Rhoades, 1985)。白三叶虽然对环境因素敏感，对干旱、霜冻和荫蔽耐受力差，但耐重牧和踩踏(Gustine et al., 1999)。白三叶的匍匐茎能贡献很大的生物量，它紧贴地面生长，不容易被采食和损害。

二、白三叶遗传多样性对时间的响应

从图 5-10 可以看出，不同年限的白三叶遗传多样性差异显著。20 年白三叶有 14 个等位基因，而 100 年白三叶只出现 8 个等位基因(40 年的由于保存失误，样品损坏)。20 年白三叶中，等位基因 M 频率最高，为 17.24%；其次为 F 和 K，各为 10.34%；最低的是 A、B、H、L，频率均只为 3.45%。100 年白三叶，等位基因 K 频率最高，为 32.26%；其次为 E，频率为 16.13%；而等位基因 B、C、F、L、M、N 都没有出现，频率为 0。

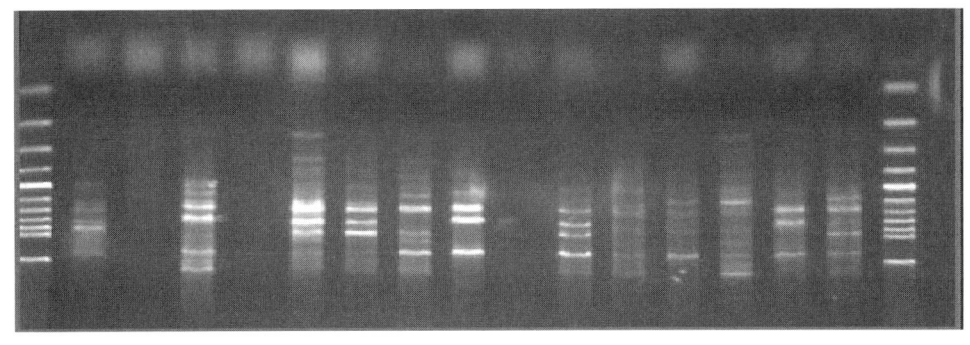

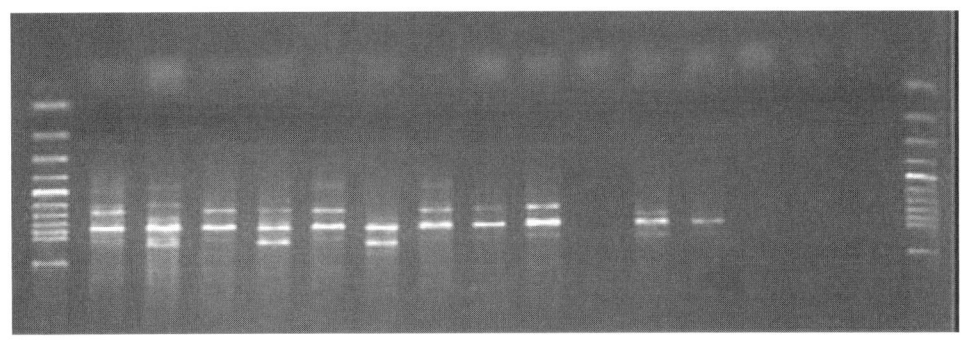

(a) 20 年白三叶　(b) 100 年白三叶

图 5-10　不同年龄段白三叶 RAPD 标记

100 年白三叶的等位基因数和遗传多样性指数没有 20 年的高，这是因为：第一，白三叶是严格的异花授粉植物，在利用条件下以营养生殖为主，以种子自繁为辅；一般认为在基因流方面有大面积的连续分布(van Treuren et al., 2005)。一个白三叶植株可产生很多的葡萄茎和分枝，从而形成一个由众多克隆构件组成的占据一定面积的体系。这样的克隆斑块面积可从几平方厘米到几平方米(Gustine and Sanderson, 2001)。经过 100 年的变迁，白三叶种群很可能由少数的大克隆体占统治地位，增加了取样概率。第二，100 年白三叶所在地位置偏远，交通极不发达，外来白三叶基因的侵入机会较小；而 20 年白三叶位于灼圃示范牧场，引进的其他白三叶品种增加了基因漂流和融合的机会。

第六节　长期稳定紫羊茅小种群遗传多样性研究

稳定性-遗传多样性正相关关系是一个普遍规律，但其普适性一直受到质疑(Tilman and Downing, 1994)，长期稳定的牧草小种群方面研究更少。种群既是物种存在的基本单位，又是生态功能的重要单位，个体较少又能存在的一类种群称为小种群(汤景光等，2017)。羊茅属(Festuca)植物是贵州天然草地中的重要牧草，在山地草甸中常成为建群种。

紫羊茅因叶量多，营养成分较高，耐牧性能力强，广泛作为优质牧草或者草坪植物。贵州威宁灼圃草场在1985年引种紫羊茅等多种牧草，经过30年的连续观测研究，发现紫羊茅稳定性最好（王元素等，2014），形成了个体形态高矮均一，生长良好的小种群，形态学观察没有发现变异植株。对其进行分子标记，可深入了解种群内的遗传多样性以及亲缘关系，进一步揭示草地稳定性的机制和机理。利用RAPD技术，通过分子标记检测紫羊茅小种群内的亲缘关系，探索其稳定性-多样性关系，对丰富群落和种群稳定性理论、指导生态脆弱地区生态恢复和环境保护具有积极的理论和实践指导意义。

李莉等基于RAPD技术研究稳定30多年的紫羊茅小种群遗传多样性，结果表明，紫羊茅小种群20份材料7个引物扩增总谱带数为50个，其中多态性条带为19个，多态性比率为38%，种群平均遗传距离为0.28，其遗传变异与地理环境不相关；长期稳定的紫羊茅小种群遗传多样性较低，不遵循稳定性-遗传多样性正相关的普遍规律。这说明遗传多样性低的种群也能实现长期稳定，其稳定可能与轮牧等管理以及紫羊茅的种群结构有关。

一、紫羊茅小种群遗传多样性研究方法

研究样本于2017年4月采集于贵州威宁灼圃示范牧场内1985年建植的紫羊茅草地。通过对角法采集植株幼嫩叶片20个样点，每个样点采集量约为100g。

（一）DNA纯度测定

紫羊茅各种群DNA电泳结果如下（图5-11），经观察电泳背景较为清晰，泳带亮度明显，无DNA小片段，说明DNA含量较多，保存较好。有些许拖带现象，可能是小部分蛋白质、RNA等一些杂质无法过滤干净，少量杂质对RAPD分析影响较小。

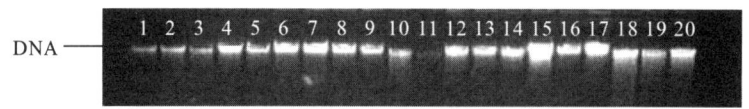

图5-11　紫羊茅种群各材料基因组DNA

（二）DNA浓度测定

分光光度计检测DNA浓度，结果如表5-14，紫羊茅各材料DNA浓度均在200ng·μL^{-1}左右，试剂盒提取紫羊茅基因组DNA浓度较高，满足RAPD所需浓度，材料Pr 11提取DNA较少，应对其重新提取，直至获得所需浓度；OD值在1.76与2.08之间，表明DNA纯度较高，完整性好，可用于RAPD优化分析以及相关的遗传多样性分析，最后将提取的所有DNA浓度稀释至30ng·μL^{-1}留作备用。

表 5-14 紫羊茅种群 DNA 浓度及纯度

编号	浓度/(ng·μL^{-1})	纯度(OD 260/OD280)	编号	浓度/(ng·μL^{-1})	纯度(OD 260/OD280)
Pr 1	204.23	1.83	Pr 11	187.26	1.83
Pr 2	152.36	1.85	Pr 12	217.28	1.84
Pr 3	180.78	1.90	Pr 13	89.28	1.83
Pr 4	224.69	1.97	Pr 14	183.22	1.89
Pr 5	164.33	1.88	Pr 15	183.91	2.08
Pr 6	175.36	1.84	Pr 16	192.28	1.94
Pr 7	168.36	1.90	Pr 17	177.23	1.92
Pr 8	166.48	1.85	Pr 18	186.79	1.82
Pr 9	178.82	1.83	Pr 19	183.78	1.83
Pr 10	174.22	1.76	Pr 20	184.46	1.89

(三) 引物筛选

采用优化后的扩增反应体系，以紫羊茅基因组 DNA 为模板，筛选随机引物。从 30 个随机引物中筛选得到 22 个多态性好的引物(图 5-12，表 5-15)。用 22 个随机引物对 Pr 种群紫羊茅材料进行 RAPD 扩增(图 5-12)。

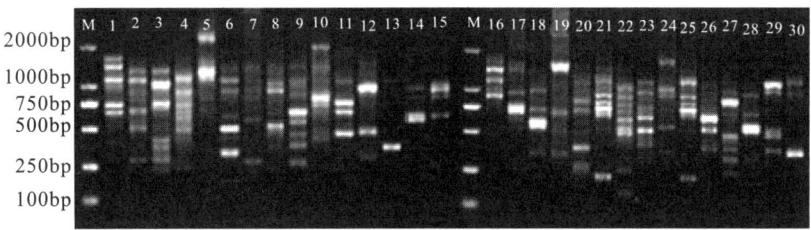

图 5-12　30 种不同引物扩增结果

表 5-15　22 个随机引物

引物名称	引物序列 5'～3'	引物名称	引物序列 5'～3'	引物名称	引物序列 5'～3'
OPA1	CAGGCCCTTC	OPA9	GAACGGACTC	OPA22	GTGATCGCAG
OPA2	GTGACGTAGG	OPA11	AAGCCTCGTC	OPA23	CAATCGCCGT
OPA3	AGCCAGCGAA	OPA12	CATCCGTGCT	OPA24	TCCTGGTCCC
OPA4	TGCGGCTGAG	OPA17	CTGGGGACTT	OPA25	GTCCACACGG
OPA5	CAAACGTCGG	OPA18	GGTGACGCAG	OPA26	CCTGATCACC
OPA6	GGACCCTTAC	OPA19	GGTGACGCAG	OPA29	CCCAAGGTCC
OPA7	TTCGAGCCAG	OPA20	ACGGCGTATG	OPA30	GTAGACCCGT
OPA8	CCGCATCTAC	OPA21	GTCCACACGG		

(四)特异性引物筛选

将22个引物对Pr种群20种材料进行RAPD扩增稳定性筛选,最后确定了7个扩增稳定性高、多态性较好且带型清晰的引物(表5-16)。这7个引物将用于RAPD的多态性、遗传多样性分析以及遗传聚类图谱的构建。

RAPD反应不需要专门设计扩增反应的引物,10碱基随机引物有广泛的通用性,一个引物可用于大多数生物的研究,具有方便、快速等优点,但引物具有随机性,会降低准确性,因此引物筛选十分重要,以保证获得准确的多态性条带。本研究选用30个引物,紫羊茅Pr种群初选获得22个引物,然后分别对20种材料进行RAPD扩增稳定性筛选,得出7个多态性较高、带型清晰且稳定性强的引物。扩增总谱带数为50条,平均每个引物扩增出7.14个条带。利用该研究优化的RAPD体系及筛选出的适宜RAPD的引物,可直接应用于紫羊茅种群遗传多样性分析,在遗传变异的研究上有一定的前景,分子标记能更快速、更准确地鉴定种质资源的亲缘关系,能更好地为植物育种和资源的保存提供依据。

表5-16 Pr种群筛选引物及序列

引物名称	引物序列5'~3'	引物名称	引物序列5'~3'
OPA1	CAGGCCCTTC	OPA11	AAGCCTCGTC
OPA3	AGCCAGCGAA	OPA28	ACCCGGTCAC
OPA6	GGACCCTTAC	OPA29	CCCAAGGTCC
OPA10	GTGTGCCCCA		

二、紫羊茅小种群遗传多样性分析

紫羊茅种群总共有20份材料,7个引物共扩增出50个条带,其中多态性条带有19条,多态百分率为38%。

多年人工紫羊茅小种群遗传多样性低,种群稳定性与遗传多样性无正相关关系。本研究表明,30多年的人工紫羊茅孤立小种群多态性比率仅为38%,这与已有的研究成果不同。一般研究认为,遗传多样性与种群稳定性呈正相关。中国南方濒危物种楠木的自然小种群WY、YS、SY和HZ表现出较高的遗传多样性,个体较多稳定性较高,而自然种群TS、YJ和LC易受人为干扰,较低的遗传多样性导致种群个体较少。尹明华等(2016)利用RAPD技术对江西山药的遗传多样性进行分析,发现其种质资源的遗传性比较丰富。高海拔地区包宽叶蓝靛果种群遗传差异较大,遗传丰富度高,形成了自身的群落稳定性(张巍等,2018)。一般认为,岛屿物种具有较低的遗传多样性,因为基因流动受限和近亲繁殖的发生率增加,但是加那利群岛特有的芸香科稳定种群具有出乎意料的高遗传多样性(Meloni et al.,2015)。

小种群稳定性与遗传多样性并无相关性,可能与环境条件以及种群结构有关。紫羊茅小种群地块异质性小,定期施肥等草地管理,使其与野生条件下紫羊茅相比,有一定的生存优势(王元素，2007)。种群内由于遗传漂变的影响，导致杂合子数减少，每个位点的等位基因减少，导致小种群的遗传多样性低，使家系内的亲缘关系逐渐趋同(Brown et al.，2005)。同时，紫羊茅经过30多年的放牧，可能产生了适应家畜的两种机制——"回避"与"忍耐"(Briske，1996)。

三、紫羊茅小种群遗传距离分析

材料Pr 7和Pr 19遗传距离为0，两种材料可能来自同一母本，经过多年时间也未发生变异。材料Pr 3和Pr8遗传距离最大为0.6，平均遗传距离为0.28(表5-17)。

从图5-13可知，如果以0.28的遗传距离划分，可将紫羊茅Pr种群分为4组，第一组为Pr 8，第二组为Pr 15、Pr 16、Pr 17、Pr 18和Pr 20，第三组为Pr 4和Pr 9，第四组为Pr 1、Pr 2、Pr 6、Pr 14、Pr 5、Pr 13、Pr 7、Pr 19、Pr 12、Pr 3、Pr 10和Pr 11。第四组与第三组在遗传距离为0.29左右时聚为一类，在遗传聚类为0.31左右时，再与第二组聚为一类，第一组与其他组在遗传距离约0.46时聚为一类。

紫羊茅小种群稳定性高，但遗传距离小，遗传多样性低，个体间形态学特征一致。人工草地群体内的个体之间为适应环境条件，经历了长久的时间，遗传上发生了些许变异，形态上较难观察到较明显的变异。这与草地早熟禾结果相似，RAPD聚类分析结果与材料来源存在一定相关性，但与苗期形态学性状没有相关性(涂明月等，2017)。紫羊茅种群的形态相似，分子标记结果显示，各材料间存在较小的差别，相同等位基因占大多数，表型的一致与否不一定能完全反映遗传关系(李杰勤等，2013)。经过30年的繁殖，紫羊茅小种群个体间形态差别小，亲缘关系接近，遗传多样性较低，种群稳定；紫羊茅小种群各材料间受环境条件的影响较小，遗传变异在地理分布无相关性，可作为草坪草或者生态草的育种材料。

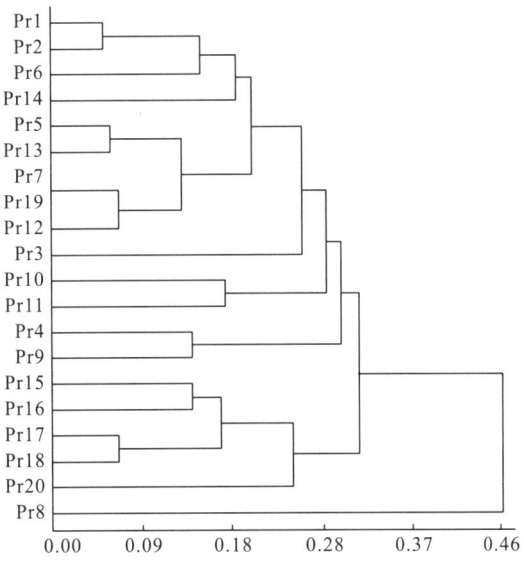

图5-13　Pr种群20份材料的聚类分析图(RAPD)

表 5-17 Pr 种群 20 份材料的欧氏距离（RAPD）

材料	1	2	3	4	5	6	7	8	9	10	11	12	13	14	15	16	17	18	19	20
1	0.0000																			
2	0.0526	0.0000																		
3	0.1579	0.2222	0.0000																	
4	0.3750	0.3333	0.4667	0.0000																
5	0.2632	0.2222	0.3333	0.3333	0.0000															
6	0.1765	0.1250	0.2500	0.2308	0.2500	0.0000														
7	0.2222	0.1765	0.2941	0.2857	0.1765	0.2000	0.0000													
8	0.5000	0.4667	0.6000	0.5000	0.4667	0.5385	0.2857	0.0000												
9	0.2222	0.1765	0.4118	0.1429	0.2941	0.2000	0.2500	0.5714	0.0000											
10	0.3333	0.2941	0.4118	0.2857	0.2941	0.3333	0.2500	0.4286	0.2500	0.0000										
11	0.2632	0.2222	0.3333	0.3333	0.3333	0.2500	0.1765	0.3333	0.2941	0.1765	0.0000									
12	0.1765	0.1250	0.2500	0.2308	0.1250	0.1429	0.0667	0.3846	0.2000	0.2000	0.2500	0.0000								
13	0.2222	0.1765	0.2941	0.2857	0.0588	0.2000	0.1250	0.4286	0.2500	0.2500	0.2941	0.0667	0.0000							
14	0.1429	0.2000	0.2000	0.4118	0.2000	0.2222	0.2632	0.5294	0.3684	0.3684	0.3000	0.2222	0.1579	0.0000						
15	0.1765	0.2500	0.2500	0.3846	0.2500	0.2857	0.2000	0.5385	0.3333	0.3333	0.3750	0.1429	0.2000	0.2222	0.0000					
16	0.2941	0.3750	0.3750	0.5385	0.3750	0.4286	0.3333	0.5385	0.4667	0.4667	0.5000	0.2857	0.3333	0.3333	0.1429	0.0000				
17	0.3333	0.2941	0.4118	0.4286	0.1765	0.3333	0.2500	0.4286	0.3750	0.3750	0.4118	0.2000	0.2500	0.3684	0.2000	0.1429	0.0667	0.0000		
18	0.2941	0.2500	0.3750	0.3846	0.2500	0.2857	0.2000	0.3846	0.3333	0.3333	0.3750	0.1429	0.2000	0.3333	0.1429	0.2000	0.2500	0.2000	0.0000	
19	0.2222	0.1765	0.2941	0.2857	0.1765	0.2000	0.0000	0.2857	0.2500	0.2500	0.1765	0.0667	0.1250	0.2632	0.2000	0.1429	0.0667	0.2500	0.2000	
20	0.3333	0.2941	0.4118	0.4286	0.2941	0.3333	0.2500	0.5714	0.3750	0.2500	0.4118	0.2000	0.2500	0.3684	0.2000	0.3333	0.2500	0.2000	0.2500	0.0000

第六章　草地群落与种群的竞争与共存

第一节　永久性白三叶混播草地群落种间竞争与共存

人工草地群落稳定性机制的研究一直是草地学和生态学的研究重点，而豆科（Leguminosae）、禾本科（Poaceae）混播草地种间关系又是其中的主要内容。种间相容性和利用强度影响混播草地群落稳定性，而竞争关系普遍存在，一年生豆科与禾本科牧草之间就存在着种间竞争与种内竞争的交替以及竞争与共生的共存关系(盛亚萍等，2011)。沙打旺(*Astragalus adsurgens*)和紫花苜蓿对羊草(*Leymus chinensis*)具有显著的竞争优势，减少强竞争力物种的混播比例利于形成共存格局(王平等，2009)。品种特性、刈牧频率与强度、施肥种类与数量等都会对禾草+白三叶混播草地组分的竞争力与持久性产生影响(于应文等，2003)，表现为土壤酸碱度、有机质以及分蘖与分枝构成等种群特性的动态变化(孙红等，2013)。刈割利用下，扁穗牛鞭草(*Hemarthria compressa*)被白三叶竞争排除(何峰等，2007)。这些研究揭示了禾-豆混播草地前期(主要为1~5年)的竞争关系，对于多年利用下形成的永久性禾-豆混播草地的竞争与共存关系需要做进一步的研究。

2013年，贵州人工草地累计保留面积47万 hm^2，其中禾草+白三叶混播草地34万 hm^2，是永久性人工草地的主要类型，适度利用下保持了长期的动态稳定(王元素等，2014)，其稳定机制的研究对石漠化治理有重要的理论与实践意义。王元素等在贵州灼圃示范牧场采用白三叶分别与紫羊茅、鸭茅两组分建植、持续适度利用20年后的混播草地开展的去除试验表明，永久性混播草地群落中，豆科牧草与禾草之间竞争不对等而实现竞争共存，是白三叶长期维持合理比例和混播组分之间动态平衡的重要机制。

一、永久性草地扰动试验设计

试验地点在贵州高原草地试验站灼圃示范牧场内(贵州，威宁)。2005年3月~2006年11月，选择1985年建植、进行绵羊适度放牧利用处理的白三叶分别与紫羊茅、鸭茅组成的两组分草地布置试验并观测。不同混播组合独自成为一个相对独立的试验。各个独立试验随机区组设计，小区处理面积 $1m×1m=1m^2$，3次重复。试验处理见表6-1。

"适度放牧"的控制管理：整个大型混播试验草地（约0.6 hm^2）围栏后作为示范场的一个放牧小区，用考力代绵羊进行轮牧，放牧"适度"通过草地现存量和草层高度的控制来实现。放牧时调整羊群密度以保证在1~2d内牧食到牧后现存量指标，以最大限度地减少绵羊的选择性采食，然后封闭直到下一次轮牧。牧前草地现存量1800~2500kg $DM·hm^{-2}$(草层高15~18cm)，牧后草地现存量900~1200kg $DM·hm^{-2}$(草层高3~5cm)，建植初期施N、P、K

肥，4 年后只施 P 肥，以保证白三叶的良好生长，而 N 素主要依靠白三叶的固 N 作用来提供。经过 20 多年的相互作用，草地组分之间达到了动态平衡。

根据目标种是豆科还是禾草，分别应用不同的选择性除草剂。目标植物是白三叶时，选用茅草枯(sodium 2,2- dichlorropionate)除去禾本科草和其他杂草；目标植物是禾草时，选用 2,4-D (2,4-dichlorophenoxy acetic acid)与 2,4,5-T [2-(2,4,5-trichlorophenoxy)propionic acid]的合剂去除三叶草和其他杂草。剂量与浓度参照产品使用说明，并先进行预备试验以评估除杂效果。这些除草剂不能去除的其他科杂草则手工拔除，不得扰动土壤。

表 6-1 扰动试验处理设置

处理号	目标种	去除物种	去除方法
	1985 年建植的白三叶+紫羊茅两组分混播草地，绵羊适度放牧		
试验 1	W1	白三叶	所有其他物种	茅草枯
	R1	紫羊茅	所有其他物种	2,4-D，手工拔除
	W1R1	白三叶+紫羊茅	所有侵入物种	涂抹草甘膦，手工拔除
	Z1	零	所有物种	草甘膦
	CK1	所有物种	零	
	1985 年建植的白三叶+鸭茅两组分混播草地，绵羊适度放牧		
试验 2	W2	白三叶	所有其他物种	茅草枯
	C2	鸭茅	所有其他物种	2,4-D, 2,4,5-T
	W2C2	白三叶+鸭茅	所有侵入物种	涂抹草甘膦，手工拔除
	Z2	零	所有物种	草甘膦
	CK2	所有物种	零	不处理

施肥：为了与原来的施肥管理措施保持一致，从扰动试验开始，施肥种类和施肥量没有变动，每年 3 月施钙镁磷肥 $45 g \cdot m^{-2}$（含 $P_2O_5 18\%$）。

除杂：按各处理的要求严格执行。2005 年 3 月布置样方，4 月 15～20 日实施喷药。晴朗无风的上午，用边长为 1m 的纸板围成一个 $1m^2$ 的方框，把方框置于要处理的小区，然后喷药，严格防止除草剂飘入相邻小区。对效果差的小区又于 1 月和 2 月后重复上述处理。除草剂除不掉的用手工拔除。

观测记载项目：在 $1\ m^2$ 样方内，再固定 90 cm×90 cm 的观测样方，留下 10 cm 作为缓冲带。

牧草盖度、分蘖(分枝)密度、生长点密度：在秋季牧草最后一次达到规定的牧前高度，即 2006 年 11 月下旬时监测。盖度用针刺法测量，禾本科分蘖密度和豆科生长点密度采用 $0.1m^2$ 计数。（在实际观测时，紫羊茅由于生长如毛发状密集，单从地表无法计数分蘖数；如果采用挖取后计数的方法，又破坏了试验地。故结果只有白三叶 W2 与鸭茅 C2 的盖度与密度分析）。

牧草净产量：当目标牧草达到规定的牧前高度 18cm 时，用手模拟采食采摘茎叶，留茬 3cm，分不同植物种称重，置 80℃烘箱烘 24h 至质量恒定，测 DM 生物量。测产后，用家畜放牧。每次牧后留茬高度必须保持一致，且等于样方留茬高度。

植物组分测定：结合牧草产量测定同时进行。每一种植物均人工分拣，测定鲜重和干重。

土壤理化测定：2006 年 11 月用土钻取 0～20cm 层土样，风干过 0.5mm 筛，按常规分析方法测定。测定指标有 pH、有机质、总 N、有效 N、速效 P、速效 K。

土壤容重：2006 年 11 月测定。采用环刀法，土壤容重 $(g·cm^{-2})=(g\times100)/[V\times(100+W)]$，式中 g 为环刀内湿样重(g)，V 为环刀容积(cm^3)，W 为样品含水量(%)。统计分析方法：

竞争系数(强度)IN (intensity) 的计算：

$$IN = (NC-C)/C$$

式中，NC 为去除竞争植物后目标种变量平均值；C 为与竞争植物共存时目标种变量平均值(净产量)。

竞争贡献率(重要值)IM(importance)的计算：

$$IM = (SC/ST)100$$

式中，SC 为由于去除竞争植物而导致的变量；ST 为总变量。

上两式中的变量，可以是重要值或净产量等的变量，本研究采用净产量。

二、白三叶与紫羊茅竞争与共存

紫羊茅对白三叶的竞争系数和竞争贡献率见图 6-1。去除紫羊茅后，白三叶产量增加，从 2005 年 7 月到 2006 年 11 月的 10 次测定中，IN 值有 8 次为正值，范围在 0.2～0.6，最高时间为每年的 9～10 月(2005 年 10 月 5 日和 2006 年 9 月 27 日分别为 0.559 和 0.598)。最低时间为 4～6 月，接近 0。

竞争因素对总变量的解释在 56%～90% 之间，平均为 72%。两个年度都基本呈现出相似的趋势，即生长季节开始时贡献率较低，然后逐月增加，到年底最高。2005 年第一次测定的值最低，仅为 56%，12 月最高，达到 71%；2006 年竞争贡献率比上年平均增加了 14 个百分点，6 月最低，逐月增加后到 9 月底增加了 16 个百分点。

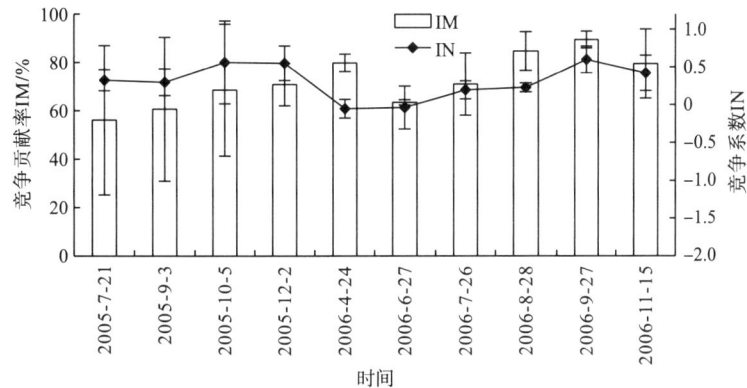

图 6-1　紫羊茅对白三叶的竞争系数和竞争贡献率

注：IN，intensity，竞争系数或竞争强度；IM，importance，竞争贡献率或重要值

白三叶对紫羊茅的竞争关系见图6-2。前3个月，竞争系数为正数，即去除白三叶后，紫羊茅产量增加。从第4个月开始，竞争系数为负数，紫羊茅的产量降低，范围为-0.055～-0.394。在2年试验期间，总变量的60%～80%可由竞争来解释，IM值平均为71%。

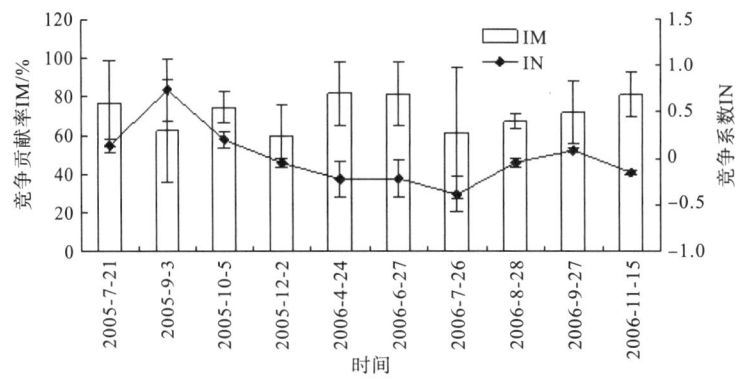

图6-2 白三叶对紫羊茅的竞争系数和竞争对总变量的贡献率

三、白三叶与鸭茅的竞争与共存

鸭茅对白三叶有较强的竞争力，竞争系数在0.8～4.0（图6-3）。竞争系数为正数时，根据竞争系数的计算公式，竞争系数实际上是去除竞争物种后目标物种产量增加的倍数。这说明，去除鸭茅后，白三叶净产量增加的幅度很大。

竞争对白三叶总变量的贡献率范围比较大，2005年7月最低，仅为42%，9月最高，增加了1倍，平均IM值为69%。总的来看，生长旺盛季节竞争贡献率大，而生长缓慢季节则减小。

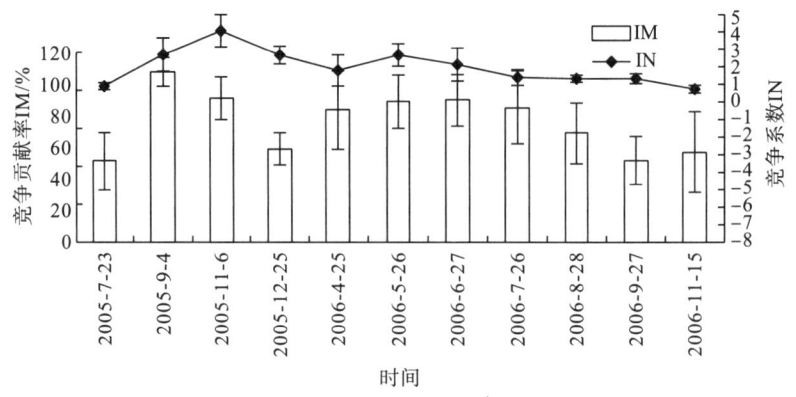

图6-3 鸭茅对白三叶的竞争系数和竞争对总变量的贡献率

白三叶对鸭茅的竞争系数基本上为负数，范围为-0.023～-0.332（图6-4）。换言之，去除白三叶后，鸭茅净产量有一定程度的下降。竞争关系对鸭茅总变量的贡献率平均为63%，最高为2005年7月（78%），最低为次年7月，下降了36个百分点。

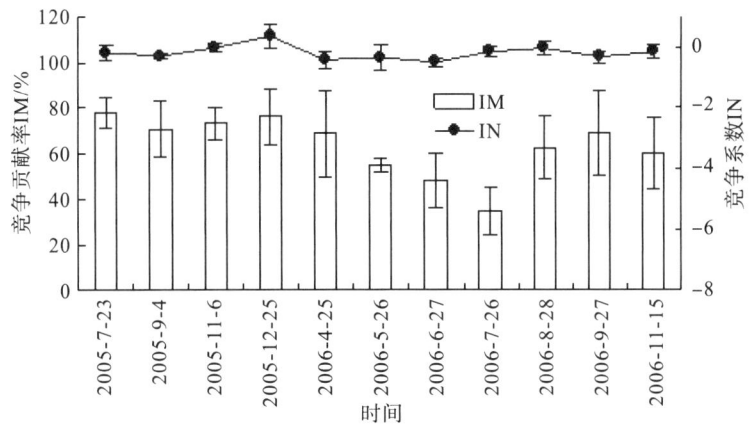

图 6-4 白三叶对鸭茅的竞争系数和竞争对总变量的贡献率

去除鸭茅后,白三叶的密度和盖度均显著增加($P<0.05$),说明鸭茅对白三叶的竞争强度大;去除白三叶后,鸭茅的密度和盖度都没有发生明显变化,说明白三叶对鸭茅的竞争强度小(图 6-5)。

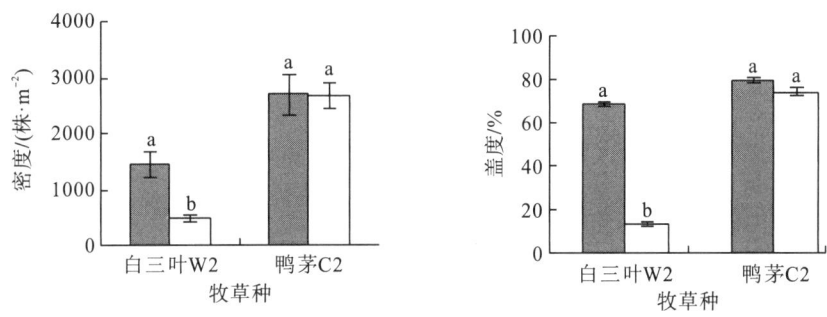

图 6-5 白三叶和鸭茅在去除与共存时的密度与盖度

注:灰色柱为单种(即去除其他物种),白色柱为共存时;同一种上不同字母表示差异水平显著

与对照 CK 相比,去除白三叶后的 C2 处理,有机质、全 N 以及速效 K、pH 和土壤含水量都有所下降;而去除鸭茅后的 W2 处理,有机质、速效 P、速效 K 有所增加,但是由于去除时间短,未达到显著差异水平($P>0.05$)。其他变化不大。速效氮指标变化无规律(表 6-2)。

表 6-2 白三叶与鸭茅竞争试验各处理的土壤理化特性

处理	有机质/%	全氮/%	速效氮/(mg·kg^{-1})	速效磷/(mg·kg^{-1})	速效钾/(mg·kg^{-1})	pH	土壤含水量/%	土壤容重/(g·cm^{-3})
W2	4.15±0.56	0.26±0.01	26.81±2.68	15.54±1.14	90.4±5.97	4.92±0.07	0.303±0.01	0.943±0.01
C2	3.78±0.34	0.25±0.02	33.18±2.91	12.85±0.97	81.5±5.23	4.87±0.01	0.291±0.01	0.923±0.01
CK2	3.82±0.33	0.26±0.02	31.72±2.22	12.41±0.88	86.5±4.65	4.92±0.05	0.339±0.01	0.942±0.02

注:处理缩写见表 6-1

四、白三叶与禾本科草不对称竞争关系

混播通过生态位互补改善和影响系统功能(Loreau,2000)。种间竞争可以决定草地生态系统中牧草的新旧更替和植物群落的组分变化(Aarssen and Turkington,1985)。一年生燕麦和毛苕子混播草地就存在竞争与共生的共存关系(张静等,2012),草地利用强度影响建植 4 年的豆科/禾草混播草地的竞争共存关系(蒋文兰,1991)。而对于长期稳定的豆科禾本科混播草地,二者之间的不对称竞争关系可能是群落长期保持动态平衡的机理之一(Loreau,2000)。本研究中,白三叶与伴生禾草之间存在显著的不对等竞争关系,紫羊茅和鸭茅对白三叶有正的竞争关系,而白三叶对禾草竞争不强,但二者保持了 20 多年的动态平衡。本研究中没有长期施用 N 肥,而是每年施用 P 肥维持白三叶的良好生长进而固定大气 N 素满足自身和伴生禾草的生长。由于豆科牧草的根瘤菌固定大气中的氮,减少氮肥施用。Mijatiović 等(1981)认为,施氮可在短期内增加草地产量,促进多年生黑麦草的分蘖,但不利于混播草地的长期利用和群落稳定性。伴生禾草与白三叶竞争其固定的 N 素,以及空间和其他营养资源,对白三叶竞争强度大;当去除伴生禾草后,也就去掉了竞争对手,白三叶产量、密度和盖度显著增加。另一方面,伴生禾草最敏感的营养元素——N 素依赖于白三叶提供,尽管白三叶与禾草之间存在空间以及 P 素等其他营养元素的竞争,但去除白三叶后,禾草的产量因 N 素供应中断而受到影响。这就使得白三叶与伴生禾草之间形成不对等的竞争关系。

五、白三叶与禾草竞争关系和竞争强度因季节而变化

本研究中,在不同季节禾草对豆科牧草的竞争强度不同,9~10 月最大,4~6 月最小,竞争贡献率也发生动态变化。盛亚萍等(2011)的研究也表明,随着物候期的变化,种间竞争关系发生着动态变化。这可能与牧草不同的生物生理特性有关。影响白三叶生长的非生物因子主要是温度(Castle et al.,2002)、荫蔽(Hodgson,1990)和磷素(蒋文兰,1991),而这些非生物因素反过来又影响白三叶对来自其他物种竞争的响应和对他种的竞争力。在春季和初夏,温度升高,雨季开始,植物开始返青并快速生长。但草层很低,禾草对白三叶的荫蔽作用不大。在生长季节,牧草生长迅速,地上生物量积累快,草层高度增加对白三叶的荫蔽作用大,在 9、10 月达到高峰。

在研究竞争关系时,多利用相对产量 RYT 值,要求有单种种群做比较(蒋文兰,1991)。而扰动实验方法则可用于多种竞争乃至群落水平的竞争,适合自然群落和田间试验研究(李博,2001)。本研究采用扰动试验来研究永久草地的群落种间关系,虽然去除其他物种后难免会扰动土壤,去除的其他物种可能继续生长影响种间关系,田间控制耗时耗力,但扰动试验是研究长期人工草地种间竞争与共存的可行方法之一。本书只探索了混播草地的竞争共存关系。影响草地稳定性的因素还很多,比如,放牧不但影响土壤微生物及酶活性,还影响混播草地的土壤养分和白三叶的匍匐茎密度(孙红等,2013)。这些因素如何综合/交叉影响草地组分的竞争关系及其对草地群落稳定性的交互作用需要作进一步的研究。

第二节 白三叶初始密度对种群竞争和生产力的影响

植物竞争是生态学研究的重要领域，植物自疏即同龄植物种群的密度制约死亡现象（Reynolds and Ford，2005），是指同种植物因种群密度而引起种群个体死亡而密度减少的过程。从 Yoda 等（1963）提出的-3/2 自疏法则揭示植物种群密度调控规律开始，学者对大小悬殊、形态各异的多种植物开展了广泛的研究，密度自疏被公认为是植物种群的普遍规律。多年生牧草多具根蘖性，其自疏模式与一年生植物有所不同，其植株（源株）与分蘖或分枝形成的二级植株的自疏规律及其对种群特性的影响鲜见报道。

白三叶是世界上栽培最多、分布最广的豆科牧草之一，通过竞争和共存与禾本科牧草形成稳定的永久性混播草地（王元素等，2014）。白三叶既通过种子有性繁殖，形成植株（源株），又通过克隆生长无性繁殖，形成二级植株（Hodgson，1990），种子播种量与密度自疏的关系以及植株密度和生长点数量对地上、地下生物量和总生物量等种群特性的影响还有待揭示。本研究通过温室栽培白三叶，从个体和种群水平分析其自疏规律，探索植株密度和生长点数与生物量的关系，对深入了解白三叶播种密度与生长特性、种内竞争、种群生产力和稳定性机制以及指导草地建设具有积极的理论与实践意义。

开展牧草初始密度对种群动态和生产力影响的研究，对确定合理播种量、保障种群稳定性和生产力有重要意义。李莉等在温室条件下，探索白三叶不同初始密度对植株和生长点动态与生物量等种群特性的影响。结果表明，白三叶种群不同初始密度下都存在自疏现象，密度越高，植株自疏速度与程度越大，越遵循自疏规律。但是生长点数没有显著差异，其变化不依赖播种密度，不遵循自疏规律。植株密度对白三叶生长点数、地上生物量、总生物量等性状影响不显著，而生长点数与地上生物量、地下生物量、总生物量等呈显著正相关，是影响种群产量的重要因子。白三叶地上生物量、总生物量遵循产量恒定法则。这说明，白三叶在低播种量时就能获得理想的产量，草地管理的关键是利于生长点的生长和数量稳定。

一、白三叶密度自梳试验设计与方法

试验于 2015 年 9 月至 2016 年 11 月在贵州省牧草种子检测中心日光温室进行。温室常年温度 18~22℃，被认为是白三叶适宜的生长温度。

供试材料为"贵州白三叶"（全国牧草品种审定委员会 1993 年审定），由贵州省牧草种子检测中心提供，发芽率为 95%。

种床准备：床土按石英砂 3：细土 4：腐殖质 3 的重量比混合而成，高温灭活。然后将床土装入花盆（长 32 cm、宽 16 cm、高 13 cm），花盆中土量固定（干土重约 12 kg·盆$^{-1}$）。将少量沙壤土过筛并均匀地铺在土表，使土表保持平坦。设 W1、W2、W3、W4、W5、W6、W7、W8 共 8 个初始密度，目标株数分别为每平方米植株数 20、40、80、200、400、800、1600 和 3200 株，换算成每盆植株数分别为 1、2、4、10、20、40、80、160 株，随

机区组排列，3 次重复。通过种子的发芽率计算出所需播种的种子数，播种时根据目标数量每盆分别多播种 3~15 粒种子，以保证成苗数达到目标密度。播种前破除硬实，用细沙与种子混合搓摩。将种子均匀撒播于土表，并覆土约 2 cm。苗齐后 3 天定苗，移除多余苗，每盆只留下目标数量的健康苗。后期进行浇水、施肥、病虫害防控等常规管理。

观测方法：观测出苗期、分枝期，每 10 d 观测记录一次每盆的植株数量。2016 年 10 月(建植一年后)试验结束时测定种群、个体和生长点(含分枝)3 个层次的数量、地上生物量、地下生物量和总生物量，以及株高、盖度等指标。鲜样称重，80℃烘箱内烘干至恒重，称干物质产量(DM)。

采用 Microsoft Excel 2007 整理和计算数据，并模拟分析白三叶存活个体数与个体地上生物量的关系。采用 SPSS 20.0 软件对不同密度处理下总生物量、地上生物量、地下生物量进行单因素方差分析(One-way ANOVA)，并采用 Duncan 多重比较进行分析检验，Pearson 相关性分析初始密度与各种群性状的两两相关性。

二、不同初始密度下白三叶植株数的时间动态

不同的密度处理，白三叶个体死亡速度差异很大。总体上，随着初始密度的增加，个体死亡速率增高。至播种后第 13 个月，W8 的密度从 3200 株·m^{-2} 下降至 620 株·m^{-2}，降幅达 80.6%，W2 的密度从 40 株·m^{-2} 下降至 27 株·m^{-2}，降幅为 32.5%，只有 W1(即每盆 1 株处理)没有植株死亡(图 6-6)。这说明在很低密度下就发生自疏现象。

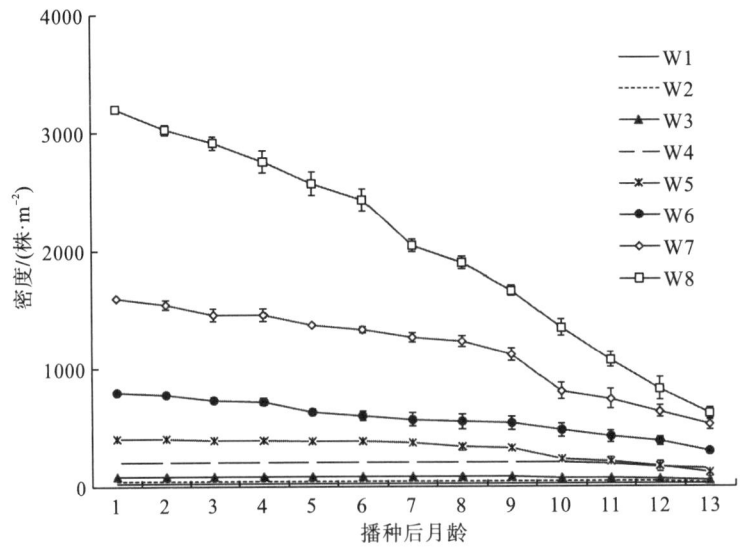

图 6-6　不同密度处理白三叶存活个体的时间轨迹

初始密度越高，植株自疏率越大，个体死亡的速度越快，种群内个体的竞争越激烈。一年生植物荞麦(*Fagopyrum esculentum*)不同密度处理下个体死亡速率大不相同，较高密度种群的个体死亡速率较高，不同处理间密度的差异随着时间的推移逐渐减小，多年生

黑麦草、紫花苜蓿(王彦华等，2017)等多年生具根蘗性植物的源株也表现出相同的自疏规律，高播种量的个体存活率也减少。这与本研究结果一致，表明了密度自疏规律的普遍性。竞争是群落和种群最基本的关系，没有完全对称的竞争，但不对称竞争广泛存在(Begon，1984)。播种密度越高，白三叶个体间竞争越剧烈，先萌发的个体越容易竞争胜出。一个植物个体先于另一个个体萌发会造成先萌发个体在以后的竞争中占据非常有利的位置(Sale，1977)，有利于在竞争中争夺光、水分和生存空间，因为植物间依据植物个体大小来分配光资源，个体生物量占全部植物总生物量的百分比就是其获得资源的百分比(Schwinning and Parsons，1996)。

三、不同初始密度对白三叶存活植株数和生长点数的影响

初始密度对存活植株数有显著影响，即初始密度越高，存活植株数也越高。播种一年后 W7 和 W8 的存活植株数显著高于 W6，W6 的存活植株数显著高于 W1～W3($P<0.05$)。而初始密度对生长点数的影响很小，只有 W1 的生长点数显著低于其他处理的($P<0.05$)，说明生长点数在较大播种范围内保持相对稳定的数量(表6-3)。

初始密度显著影响一年后的存活植株数，而对生长点数的影响很小，即在较大播种量范围内，白三叶的生长点数是稳定的，并不遵循密度自疏规律。这与巨菌草的结果不同，随着种植密度的增加，分蘖数减少。白三叶为多年生牧草，生长期达 6 年以上，主根短，侧根和须根发达，种子发芽出苗形成源株，蔓生葡匐茎有腋芽和生长点并形成分枝，形成二级植株(Sheath and Clark，1996)。白三叶无性繁殖力很强，一个白三叶植株可产生很多的葡匐茎和分枝，从而形成一个由众多克隆构件组成的占据一定面积的体系(Gustine and Huff，1999)，100 年的白三叶种群，很可能由少数植株的克隆体占统治地位(王元素等，2012)。

表6-3 播种一年后的存活植株数和生长点数

处理	存活植株数/(株·m^{-2})	生长点数/(个·m^{-2})
W1	20.00±0.00^a	1180.00±326.66^a
W2	26.67±4.45^a	2106.67±42.22^b
W3	46.66±4.45^a	2033.33±248.89^b
W4	113.33±11.11^{ab}	2153.33±171.11^b
W5	140.22±13.33^{ab}	1946.67±128.89^b
W6	293.33±5.45^b	2306.67±175.55^b
W7	520.67±66.12^c	2253.33±255.56^b
W8	620.77±33.32^c	2320.00±180.00^b

注：同列不同小写字母表示不同处理间差异显著($P<0.05$)。下同

四、初始密度与白三叶种群、个体、生长点生产力的关系

初始密度对白三叶种群的地上生物量和总生物量影响很小,只有 W1 的显著低于所有其他处理($P<0.05$)。对地下生物量的影响有所不同,W1 的显著低于 W5、W6 和 W8($P<0.05$),与 W2、W3、W4 和 W7 虽然有差异,但未到达显著水平(表 6-4)。

表 6-4　白三叶种群地上、地下和总生物量

处理	地上生物量/(g DM·m^{-2})	地下生物量/(g DM·m^{-2})	总生物量/(g DM·m^{-2})
W1	122.33±15.31^a	10.667±4.09^a	132.99±19.40^a
W2	154.80±14.80^b	16.908±2.72^{ab}	171.71±17.52^b
W3	154.71±19.34^b	15.733±3.94^{ab}	170.44±25.28^b
W4	195.23±28.41^b	19.047±5.08^{ab}	214.28±33.52^b
W5	164.07±26.47^b	22.550±6.01^b	186.62±32.51^b
W6	191.89±28.91^b	23.482±6.29^b	215.37±35.21^b
W7	186.39±18.66^b	20.536±4.76^{ab}	206.93±23.42^b
W8	196.69±29.93^b	25.016±7.25^b	221.71±36.58^b

初始密度对白三叶个体地上生物量和个体总生物量影响显著,W1、W2 的个体地上生物量和个体总生物量显著高于 W4~W8($P<0.05$),密度越高,个体地上重量和个体总重量越小。在低密度时才对个体地下生物量有影响,W1、W2 的个体地上生物量和个体总生物量显著低于 W6、W7 和 W8($P<0.05$),与 W3、W4 和 W5 虽然有差异,但未到达显著水平(表 6-5)。

表 6-5　白三叶个体地上、地下和总生物量

处理	地上生物量/(g DM·株$^{-1}$)	地下生物量/(g DM·株$^{-1}$)	总生物量/(g DM·株$^{-1}$)
W1	6.12±0.77^a	0.53±0.20^a	6.65±0.97^a
W2	5.80±0.56^a	0.63±0.10^a	6.44±0.66^a
W3	3.32±0.41^{ab}	0.34±0.08^{ab}	3.65±0.54^{ab}
W4	1.72±0.25^b	0.17±0.04^{ab}	1.89±0.29^b
W5	1.17±0.19^b	0.16±0.04^{ab}	1.33±0.23^b
W6	0.65±0.10^c	0.08±0.02^c	0.73±0.05^{bc}
W7	0.36±0.04^c	0.04±0.01^c	0.39±0.05^c
W8	0.32±0.05^c	0.04±0.01^c	0.36±0.06^c

各处理白三叶单个生长点的平均地上生物量、地下生物量和总生物量比较接近,差异不显著。说明初始密度对单个生长点的地上生物量、地下生物量和总生物量没有显著影响,生长点个体大小是比较稳定的性状(表 6-6)。

表 6-6　白三叶单个生长点的地上、地下和总生物量

处理	地上生物量/(gDM·个$^{-1}$)	地下生物量/(gDM·个$^{-1}$)	总生物量/(gDM·个$^{-1}$)
W1	0.10±0.01	0.01±0.00	0.11±0.02
W2	0.07±0.01	0.01±0.00	0.08±0.01
W3	0.08±0.01	0.01±0.00	0.08±0.01
W4	0.09±0.01	0.01±0.00	0.10±0.02
W5	0.08±0.01	0.01±0.00	0.10±0.02
W6	0.08±0.01	0.01±0.00	0.09±0.02
W7	0.08±0.01	0.01±0.00	0.09±0.01
W8	0.08±0.01	0.01±0.00	0.10±0.02

随着初始密度呈倍数增加，成活植株个体数也呈相应级数增加，平均个体地上生物量呈乘幂级数减少且在低密度范围减少幅度大，二者呈负相关关系。成活植株个体数与平均个体地上生物量在初始密度 W4 时达到平衡点，说明 W4 是最适宜的播种量（图 6-7）。

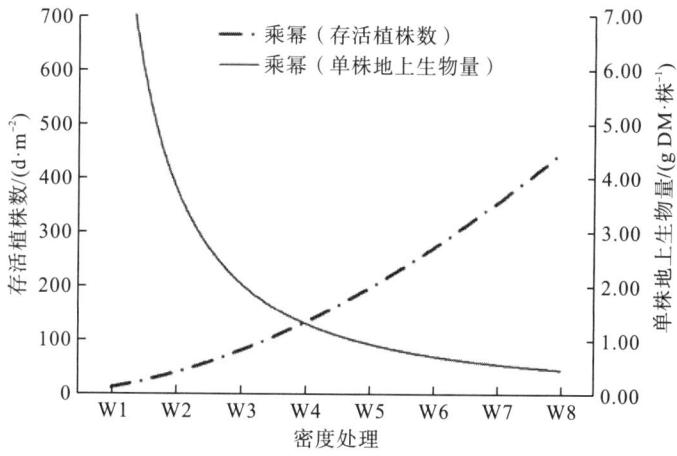

图 6-7　白三叶存活个体数与个体地上生物量的关系

初始密度与存活植株数呈极显著正相关，与生长点数、生物量等其他指标无显著相关性。存活植株数对所有指标均无显著相关性。生长点数对地上、地下、总生物量和盖度均有显著相关性，盖度与生长点数和地上、地下、总生物量显著相关。株高是一个稳定的指标，与所有其他指标均无显著相关性（表 6-7）。说明生长点数是决定种群产量的重要性状。

表 6-7　种子输入量与各种群性状的两两相关性分析

性状指标	初始密度	存活植株数	生长点数	地上生物量	地下生物量	总生物量	株高	盖度
初始密度	1.00	0.91**	0.07	0.07	0.17	0.11	0.08	0.20
存活植株数		1.00	0.24	0.22	0.28	0.26	-0.01	0.34

续表

性状指标	初始密度	存活植株数	生长点数	地上生物量	地下生物量	总生物量	株高	盖度
生长点数			1.00	0.83**	0.69**	0.88**	-0.02	0.61**
地上生物量				1.00	0.51**	0.97**	-0.02	0.70**
地下生物量					1.00	0.70**	-0.03	0.55**
总生物量						1.00	-0.02	0.73**
株高							1.00	0.00
盖度								1.00

注：**表示相关性达极显著水平（$P < 0.01$）

不论初始密度多少，最终产量都是恒定的。播种量对燕麦的株高无显著影响，高播种量鲜草产量和干草产量均表现为增大趋势，但未达到显著水平（肖雪君等，2017）。播种量对紫花苜蓿的年干物质产量也无显著影响，虽然干物质产量有随播种量增加不断提高的趋势（王彦华等，2017）。本研究表明，白三叶初始密度对单位面积的地上生物量、总生物量没有显著相关性，换言之，不同播种量的生物量没有显著差异，这与产量恒定法则一致。但是白三叶生长点数对地上、地下、总生物量和盖度均有显著相关性，这说明生长点数对白三叶种群有重要的作用。

初始密度是种子输入量的直接体现，与生产实际中的播种量密切相关。本研究结果表明，在较低的播种量时，白三叶就能达到稳定的产量，生长点数是重要的种群性状。在生产实际中，白三叶常用来建植放牧和刈牧兼用型草地，新西兰农场的经验播种密度是一手掌大小地面有5颗种子即可（Suckling，1966）。在我国，为了保证建植效果，草地建植时常常加大播种量，达到$1\sim1.5kg \cdot 667m^{-2}$，实际上造成了不必要的种子浪费。我国的白三叶基本上从新西兰、加拿大等国进口，价格较昂贵。白三叶移栽密度试验表明，49 株·m^{-2}时的低密度就能使生物量达到最大（潘艳等，2011）。白三叶草地的管理重点应该是保证足够的生长点数。苗期要注意除杂，建植后3个月时必须进行第一次适度放牧，以促进分枝和匍匐茎生长（王元素，2015），产生更多的生长点。白三叶匍匐茎不但与生产量有关，还与抗性密切相关。白三叶的生长点紧贴地表不易被家畜损害，但不同家畜种类对草地需求和影响不同，牛采食用舌头卷草，草层高度（株高）高而生长点少；绵羊用嘴唇选择，其草地盖度高生长点密集（Hodgson，1990），因此用牛羊交替顺序放牧有利于维持白三叶生长点密度而稳定草地产量和质量（王元素等，2004）。

参 考 文 献

安晓珂, 2008. 三叶草属三种植物遗传多样性的 RAPD 分析[D]. 北京: 中国农业科学院: 30-32.
包国章, 康春莉, 郭平, 2004. 放牧对亚热带人工草地牧草构型及小格局的影响[J]. 应用生态学报, 15(12): 2267-2271.
蔡小艳, 曹树威, 赖大伟, 等, 2016. 木本饲料的开发利用及研究现状[J]. 上海畜牧兽医通讯, (1): 68-71.
曹建华, 袁道先, 童立强, 2011. 中国西南岩溶生态系统特征与石漠化综合治理对策[M]//任继周, 黄黔. 岩溶山区的绿色希望. 北京: 科学出版社: 167-181.
柴华, 2017. 基于形态学标记青贮玉米自交系的聚类分析[J]. 现代畜牧科技, (2): 4-5, 9.
陈宝书, 2001. 牧草饲料作物栽培学[M]. 北京: 中国农业出版社: 25.
陈皓, 2015. 陇东典型草原—滩羊轮牧系统羊粪和枯落物的分解特征[D]. 兰州: 兰州大学: 2-3.
陈虹均, 2017. 长江三峡库区渔业资源现状调查及鲢的遗传多样性分析[D]. 重庆: 西南大学: 3.
池永宽, 王元素, 张锦华, 等, 2013. 石漠化背景下贵州天然草地生态系统服务功能价值初步评估[J]. 广东农业科学, 40(23): 163-166.
董世魁, 2001. 高寒地区多年生禾草混播草地群落稳定性及其调控机制研究[D]. 兰州: 甘肃农业大学: 12.
费永俊, 刘千春, 2004. 豆禾草种种间竞争关系的研究[J]. 中国草地, 26(2): 31-35.
耿文诚, 马兴跃, 马岩德, 等, 1999. 人工草地放牧云岭黑山羊效果观测[J]. 中国草食动物, (6): 14-16.
贵州省发展和改革委员会, 2007. 贵州省喀斯特石漠化综合防治图集[M]. 贵阳: 贵州人民出版社: 13.
贵州省农业厅, 中国科学院南京土壤研究所, 1980. 贵州土壤[M]. 贵阳: 贵州人民出版社: 19.
贵州野生白三叶草资源调查组, 1982. 贵州野生白三叶草资源调查总结[J]. 四川草原, (2): 29-31.
《贵州植物志》编委会, 1979~2008. 贵州植物志(1~10卷)[M]. 贵阳: 贵州人民出版社.
郭景文, 1997. 羊茅属几种牧草染色体计数[J]. 青海草业, (4): 7-9.
国家林业和草原局. [2018-12-28]. 中国·岩溶地区石漠化状况公报[EB/OL]. http://www.forestry.gov.cn/main/195/20181214/10434 0783851386.html.
何峰, 李向林, 万里强, 2007. 刈割方式对扁穗牛鞭草与白三叶混播草地竞争的研究[J]. 中国草地学报, 29(4): 61-66.
何俊, 2008. 62 份白三叶草种质资源遗传多样性初步研究与评价[D]. 贵阳: 贵州大学: 3.
洪绂曾, 1989. 中国多年生栽培草种区划[M]. 北京: 中国农业科技出版社: 89.
侯扶江, 常生华, 于应文, 等, 2004. 放牧家畜的践踏作用研究评述[J]. 生态学报, 24(4): 784-789.
胡晓宁, 2008. 22 个紫花苜蓿品种遗传关系分析及杂交后代鉴定[D]. 咸阳: 西北农林科技大学: 4.
胡自治, 2000. 人工草地在我国 21 世纪草业发展和环境治理中的重要意义[J]. 草原与草坪, (1): 12-15.
黄才江, 1995. 贵州施秉云台山主要植被类型与分布特点[J]. 贵州林业科技, 23(2): 26-30.
黄真池, 黄俊文, 欧阳乐军, 等, 2017. 冷处理后桉树 POD 活性、同工酶及基因转录变化分析[J]. 分子植物育种, 15(2): 347-351.
贾继增, 1996. 分子标记种质资源鉴定和分子标记育种[J]. 中国农业科学, 29(4): 1-10.
蹇黎, 秦小军, 余丹凤, 等, 2013. 喀斯特山区野生燕麦农艺性状的遗传多样性分析[J]. 河南农业科学, 42(6): 27-31.

姜立鹏，覃志豪，谢雯，等，2007. 中国草地生态系统服务功能价值遥感估算研究[J].自然资源学报，22（2）：161-170.

蒋文兰，1991. 贵州威宁混播草地初级生产力及群落稳定性调控途径的研究[D]. 兰州：甘肃农业大学：3, 25.

蒋文兰，李向林，1993. 不同利用强度对混播草地牧草产量和组分动态的影响[J]. 草业学报，2（3）：1-10.

蒋文兰，瓦庆荣，1995. 人工草地绵羊放牧系统草畜供求关系的优化[J]. 草业学报，（1）：44-51.

蒋文兰，瓦庆荣，王德辉，1996a. 黔西北高原引种优良牧草的持久性研究[J]. 草业学报，5（1）：10-16.

蒋文兰，瓦庆荣，张明忠，1996b. 贵州岩溶山区绵羊宿营法改良天然草地综合效果的研究[J]. 草业学报，5（1）：26-30.

雷会义，覃宗泉，娄秀伟，等，2014. 中国西南岩溶地区天然草地植被动态变化研究[J].草地学报，22（2）：261-265.

黎裕，贾继增，王天宇，1999. 分子标记的种类及其发展[J]. 生物技术通报，15（4）：19-22.

李博，1999. 普通生态学[M]. 北京：高等教育出版社：48.

李博，2001. 植物竞争：作物与杂草相互作用的实验研究[M]. 北京：高等教育出版社：25, 36.

李建龙，蒋平，朱明，等，2002. 利用PPR新方法建立草地产量增长模型及生态成因机理研究[J]. 生态学报，22（7）：973-981.

李杰勤，王丽华，詹秋文，等，2013. 20个黑麦草品系的SRAP遗传多样性分析[J]. 草业学报，22（2）：158-164.

李莉，王元素，2019. 白三叶初始密度对种群动态和生产力的影响[J]. 草地学报，27（3）：745-750.

李莉，王元素，洪绂曾，2010. 喀斯特地区白三叶形态和遗传多样性研究[J]. 生态环境学报，19（7）：1532-1536.

李莉，王元素，孔玲，2017. 贵州省常见饲用植物构成与营养成分研究[J]. 黑龙江畜牧兽医，（7）：183-186.

李莉，吴永洁，王元素，2017. 基于SSR标记的贵州野生白三叶遗传多样性分析[J]. 种子，36（11）：4-9.

李莉，吴永洁，王元素，2019. 基于SSR标记的同一花序贵州野生白三叶遗传多样性分析[J]. 江苏农业科学，47（2）：49-53.

李润芳，惠荣奎，邓瑞宁，等，2010. 三叶草遗传多样性的SRAP分析[J]. 草业科学，27（12）：53-57.

刘浩强，张云飞，李鸿筠，等，2014. 基于RAPD和SRAP分子标记的柑桔大实蝇种群多态性及其亲缘关系研究[J]. 西南大学学报（自然科学版），36（11）：49-56.

刘忠宽，汪诗平，陈佐忠，等，2006. 不同放牧强度草原休牧后土壤养分和植物群落变化特征[J]. 生态学报，26（6）：2048-2056.

龙瑞军，王元素，2004. 常见牧草高效栽培加工七日通[M]. 北京：中国农业出版社：36.

牟彤，2013. 白三叶化学诱变后代遗传变异的研究[D]. 哈尔滨：东北农业大学：28-58.

潘艳，杨学东，何胜江，2011. 移栽密度对白三叶密度和生物量的影响[J]. 草业学报，19（1）：86-89.

权彪，2018. 分子标记在绿豆遗传连锁图谱构建和基因定位中的作用[J]. 科技风，347（15）：2-4.

任继周，1984. 南方草山是建立草地农业系统发展畜牧业的重要基地[J]. 草业科学，（1）：1-6.

任尚佳，王明玖，黄帆，等，2014. 2种三叶草杂种F_1代后代鉴定及核型分析[J]. 畜牧与饲料科学，35（6）：16-21.

任晓月，陈彦云，2010. 等位酶技术在植物遗传多样性研究中的应用[J]. 农业科学研究，31（2）：48-51.

尚以顺，陈燕萍，杨泽新，1995. 贵州草坪草种质资源调查研究[J]. 贵州农业科学，（4）：40-44.

尚占环，姚爱兴，郭旭生，2002. 宁夏香山地区植物群落α多样性初步分析[J]. 草地学报，10（4）：244-250.

沈浩，刘登义，2001. 遗传多样性概述[J]. 生物学杂志，18（3）：5-7.

盛亚萍，赵成章，高福元，等，2011. 高寒山区混播草地燕麦和毛苕子种间的竞争关系[J]. 生态学杂志，30（11）：2437-1611.

苏大学，黄焕深，1987. 贵州草地[M]. 贵阳：贵州人民出版社：3, 17, 56.

孙红，于应文，马向丽，等，2013. 长期刈牧利用下贵州高原黑麦草+白三叶草地养分和植被构成变化[J]. 草业科学，30（10）：1575-1583.

孙建昌，杨艳，方小平，等，2006. 贵州木本饲料植物资源及开发利用研究[J]. 贵州林业科技，34（3）：1-4, 44.

孙雪梅，黄玫，刘本英，等，2012. 云南野生茶树的地理分布及形态多样性[J]. 中国农学通报，28（25）：277-288.

邰继承，张丽妍，杨恒山，2009. 种植年限对紫花苜蓿栽培草地草产量及土壤氮、磷、钾含量的影响[J]. 草业科学，26（12）：82-86.

谭培，2017. 两种扁穗雀麦核型分析与种子萌发期抗旱性研究[D]. 咸阳：西北农林科技大学：2，18.

汤景光，刘彤，周娟，等，2017. 倒披针叶虫实种内功能性状的变异特征及对种群稳定的影响[J]. 石河子大学学报（自然科学版），35(4)：109-115.

涂明月，李杰，何亚丽，等，2017. 利用RAPD标记鉴定草地早熟禾种质资源的遗传多样性[J]. 草业学报，26(7)：71-81.

瓦庆荣，代志进，卢琪，2000. 留茬高度对人工草地牧草产量及质量的影响[J]. 草业学报，9(1)：65-68.

瓦庆荣，蒋文兰，卯云昌，等，1994. 产羔期、补饲水平对考力代羊生产和繁殖性能影响的研究[J]. 草业科学，11(3)：63-69.

王刚，蒋文兰，1998. 人工草地种群生态学[M]. 兰州：科学技术出版社：33.

王镜植，2017. 大型草食动物采食与粪便对大针茅草原植被特征及氮矿化的作用[D]. 长春：东北师范大学：3.

王腊春，史运良，2006. 西南喀斯特峰丛山区雨水资源有效利用[J]. 贵州科学，24(1)：8-13.

王平，周道玮，张宝田，2009. 禾-豆混播草地种间竞争与共存[J]. 生态学报，29(5)：2560-2567.

王树彦，徐军，胡卉芳，2014. 冷季型草坪草幼苗形态观测[J]. 内蒙古农业科技，(1)：31-33.

王晓龙，李红，杨曌，等，2017. 6种冷季型草坪草抗旱性比较研究[J]. 黑龙江畜牧兽医，(3)：129-131.

王彦华，王成章，李德锋，等，2017. 播种量和品种对紫花苜蓿植株动态变化、产量及品质的影响[J]. 草业学报，34(2)：123-135.

王玉祥，张博，2012. 新疆野生白三叶表型性状变异研究[J]. 草地学报，20(6)：1163-1168.

王元素，陈全功，樊晓东，2004. 云贵高原山区草地生物改良技术研究[J]. 草业科学，21(2)：30-34.

王元素，洪绂曾，蒋文兰，等，2007. 喀斯特地区红三叶混播草地群落对长期适度放牧的响应[J]. 生态环境学报，16(1)：117-124.

王元素，李莉，孔玲，2012. 百年足球运动场白三叶草坪草群落特征研究[J]. 草原与草坪，32(2)：55-60.

王元素，李莉，王堃，2014. 喀斯特地区三叶草混播草地群落组分20年动态[J]. 草地学报，22(3)：475-480.

王元素，2004. 云贵高原山区混播草地初级生产力和群落时间稳定性研究[D]. 兰州：甘肃农业大学：2，19.

王元素，2007. 喀斯特地区多年生豆科禾本科混播草地群落稳定性的维持机制[D]. 北京：中国农业大学：3，36，65.

王元素，2015. 贵州草地畜牧业技术[M]. 贵阳：贵州科技出版社：47-49.

王振波，于杰，刘晓雯，2009. 生态系统服务功能与生态补偿关系的研究[J]. 中国人口·资源与环境，19(6)：17-22.

文石林，刘强，董春华，等，2012. 罗顿豆与3种多年生禾本科牧草的混播[J]. 草地学报，20(2)：305-311.

吴永洁，王元素，李莉，2016. 喀斯特地区同一花序白三叶形态多样性研究[J]. 湖南师范大学自然科学学报，39(5)：38-43.

向郢，2006. 福音下的石门坎[N]. 南方周末，2006-10-19(32).

肖苏，张新全，马啸，等，2008. 野生鹅观草种质的醇溶蛋白遗传多样性分析[J]. 草业报，17(5)：138-144.

肖雪君，周青平，陈有军，等，2017. 播种量对高寒牧区林纳燕麦生产性能及光合特性的影响[J]. 草业科学，34(4)：761-771.

谢高地，鲁春霞，冷允法，等，2003. 青藏高原生态资产的价值评估[J]. 自然资学报，18(2)：189-196.

辛玉春，杜铁瑛，辛有俊，等，2012. 青海省天然草地生态服务功能价值评价[J]. 中国草地学报，45(3)：5-9.

尹明华，徐志坚，黄玮，等，2016. 江西山药种质资源遗传多样性及其组培苗遗传稳定性的RAPD检测[J]. 中草药，47(19)：3486-3493.

于凤芝，王晓军，邢珊珊，等，2010. 4个三叶草种质材料的抗逆性比较研究[J]. 草原与草坪，30(2)：86-88.

于应文，徐震，苗建勋，等，2003. 混播草地中多年生黑麦草与白三叶的生长特性及其共存表现[J]. 草业学报，12(3)：79-82.

袁道先，1983. 中国岩溶学[M]. 北京：地质出版社：67.

袁福锦，钟声，吴文荣，等，2016. 香格里拉县亚高山草甸饲用植物资源调查[J]. 黑龙江畜牧兽医，(4)：129-132.

张大勇，2000. 理论生态学研究[M]. 北京：高等教育出版社：3，22，67.

张鹤山，陈明新，田宏，等，2012. 野生红三叶种群表型性状变异研究[J]. 江西农业大学学报，34(1)：44-49.

张婧源，2013. 世界范围野生白三叶种质资源的遗传多样性研究[D]. 雅安：四川农业大学：41-61.

张静, 赵成章, 盛亚萍, 等, 2012. 高寒山区混播草地燕麦和毛苕子种间竞争对密度的响应[J]. 生态学杂志, 31(7): 1605-1611.

张莉, 温仲明, 苗连朋, 2013. 延河流域植物功能性状变异来源分析[J]. 生态学报, 33(20): 6543-6552.

张巍, 孟庆彬, 郭兴, 等, 2018. 不同宽叶蓝靛果种群遗传多样性的ISSR分析[J]. 森林工程, 34(2): 6-10.

张贤, 晏荣, 曹文娟, 等, 2009. SPAD及FT-NIR光谱法快速筛选白三叶种质蛋白质性状[J]. 光谱学与光谱分析, 29(9): 2388-2391.

张向前, 刘景辉, 齐冰洁, 等, 2010. 燕麦种质资源主要农艺性状的遗传多样性分析[J]. 植物遗传资源学报, 11(2): 168-174.

赵侯明, 宋发军, 覃瑞, 2007. 冬凌草的染色体数目及核型分析[J]. 中南民族大学学报(自然科学版), 26(4): 35-37.

赵爽, 2015. 铁岭地区平榛SSR遗传多样性分析与优良单株选育[D]. 北京: 北京林业大学: 3, 45.

赵彦华, 黄高宝, 2007. 不同生育时期白三叶与黑麦草的化感作用研究[J]. 草原与草坪, (5): 19-24.

郑淑华, 赵萌莉, 珊丹, 等, 2005. 草原基况及其评价方法[J]. 中国草地, 27(2): 72-76.

中华人民共和国农业部, 1996. 中国草地资源[M]. 北京: 中国科学技术出版社: 11, 23.

周禾, 杨波, 韩建国, 2000. 利用年限对老芒麦生物学特性及群落结构特征的影响[J]. 草地学报, 8(4): 245-252.

周华坤, 赵新全, 周立, 等, 2005. 青藏高原高寒草甸的植被退化与土壤退化特征研究[J]. 草业学报, 14(3): 31-40.

周淑荣, 刘亚峰, 王刚, 2004. 集合种群水平上的抽彩式竞争[J]. 草业学报, 13(3): 40-46.

朱勇, 李明娜, 张英, 等, 2009. 昆明市公园造景灌木种类及应用[J]. 西南农业学报, 22(6): 1745-1750.

Aarssen L W, Turkington R, 1985. Vegetation dynamics and neighbour associations in pasture community evolution[J]. Journal of Ecology, 73(2): 585-603.

Adler P B, Raff D A, Lauenroth W K, 2001. The effect of grazing on the spatial heterogeneity of vegetation[J]. Oecologia, 128(4): 465-479.

Alam M R, Poppi D P, Sykes A R, 1985. Comparative intake of digestible organic matter and water by sheep and goats[J]. Proceedings of the New Zealand Society of Animal Production, 45: 107-112.

Alexander K I, Thomson K, 1982. The effect of clipping frequency on the competitive interaction between two perennial grass species[J]. Oecologia, 53(2): 251-254.

Bedford B L, Aldous W A, 1999. Patterns in nutrient availability and plant diversity of temperate North American wetlands[J]. Ecology, 80(7): 2151-2169.

Begon M, 1984. Density and individual fitness: Asymmetric competition[M]//Shorrocks B. Evolutionary ecology. Oxford: Blackwell Scientific Publications: 179-194.

Belsky A J, 1992. Effects of grazing and fire on species composition and diversity of grassland communities[J]. Journal of Vegetation Science, 3(2): 187-200.

Bharathi T R, Sekhar S, Geetha N, et al., 2017. Identification and characterization of memecylon species using isozyme profiling[J]. Pharmacognosy Research, 9(4): 408-413.

Briske D D, RichardsJ H, 1995. Plant responses to defoliation: a physiological, morphological, and demographic evaluation [M]//Bedunah D J, Sosebee R E, Coyne P I, et al. Wildland plants: Physiological eology and developmental morphology. Denver: Society for Range Management: 635-710.

Briske D D, 1996. Strategies of plant survival in grazed systems: A functional interpretation[M]//Hodgson J, Illius A W. The ecology and management of grazing systems. Wallingford: CAB International: 37-68.

Brougham R W, 1966. Aspects of light utilization, leaf development and senescence and grazing on grass-legume balance and productivity of pasture[J]. Proceedings of the New Zealand Ecological Society, 13: 58-65.

Brown H E, Moot D J, Pollock K M, 2005. Herbage production, persistence, nutritive characteristics and water use of perennial forages grown over 6 years on a Wakanui silt loam[J]. New Zealand Journal of Agricultural Research, 48 (4): 423-439.

Brummer E C, Moore K J, 2000. Persistence of perennial cool-season grass and legume cultivars under continuous grazing by beef cattle[J]. Agronomy Journal, 92(3): 466-471.

Bullock J M, 1996. Plant competition and population dynamics[M]//Hodgson J, Illius A W. The ecology and management of grazing system. Wallingford: CAB International: 69-100.

Butler J L, Briske D D, 1988. Population structure and tiller demography of the bunchgrass *Schizachyrium scoparium* in response to herbivory[J]. Oikos, 51(3): 306-312.

Cahn M G, Harper J L, 1976. The biology of leaf mark polymorphism in *Trifolium repens* L.[J]. Heredity, 37: 309-325.

Castle M L, Rowarth J S, Cornforth I S, 2002. Agronomical and physiological responses of white clover (Trifolium repens) and perennial ryegrass (Lolium perenne) to nitrogen fertiliser applied in autumn and winter[J]. New Zealand Journal of Agricultural Research, 45: 283-293.

Chapman D F, 1983. Growth and demography of Trifolium repens stolons in grazed hill pastures[J]. Journal of Applied Ecology, 20(2): 597-608.

Chapman D F, Anderson C B, 1987. Natural re-seeding and Trifolium repens demography in grazed hill pasture. 1. Floer head appearance and fate, and seed dynamics[J]. Journal of Applied Ecology, 24(3): 1025-1035.

Charlton J F L, 1977. Establishment of pasture legumes in North Island hill country. 1. Buried seed population[J]. New Zealand Journal of Experiment Agriculture, 5: 211-214.

Charmet G, Balfourier F, Ravel C, 1993. Isozyme polymorphism and geographic differentiation in a collection of French perennial ryegrass populations[J]. Genetic Resources and Crop Evolution, 40: 77-89.

Chenglin Z, Jianbo Z, Yan F, et al., 2017. Genetic structure and eco-geographical differentiation of wild sheep fescue (Festuca ovina L.) in Xinjiang, Northwest China[J]. Molecules, 22(8): 1316-1331.

Clark D A, Harris P S, 1985. Composition of the diet of sheep grazing swards of differing white clover content and spatial distribution[J]. New Zealand Journal of Experiment Agriculture, 28(2): 233-240.

Clements F E, 1916. Plant succession: An analysis of the development of vegetation[M]. Washington, D.C.: Carnegie Institution of Washington, D.C.: 30.

Costanza R, Arge R, Groot R, et al., 1997. The value of the world's ecosystem services and natural capital[J]. Nature, 387: 253-260.

Delinum B, Theat M L, Lantinga E, 1984. 在轮牧和连续放牧条件下禾草草层的光合作用[C]//第十四届国际草地学术会议论文集. 北京: 中国农业出版社: 45-48.

Detling J K, Painter E L, 1983. Defoliation responses of western wheatgrass populations with diverse histories of prairie dog grazing[J]. Oecologia, 57(1/2): 65-71.

de Wit C T, 1978. Summative address[M]//Wilson J. Proceeding of a symposium plant relation in pastures. Melbourne: Commonwealth Scientific and Industrial Research Organisation: 405-410.

Donald C M, 1963. Competition among crop and pasture plants[J]. Advances in Agronomy, 15: 1-118.

Dormaar J F, Smoliak S, Williams W D, 1990. Distribution of nitrogen fractions in grazed and ungrazed fescue grassland Ah horizons[J]. Journal of Range Management, 43(1): 6-9.

El-Esawi M A, El-Zaher Mustafa A, Badr S, et al., 2017. Isozyme analysis of genetic variability and population structure of Lactuca L. germplasm[J]. Biochemical Systematics and Ecology, 70: 73-79.

Ellstrand N C, Elam D R, 1993. Population genetic consequences of small populationsize: Implications for plant[J]. Annual Review of Ecology and Systematics, 24(10): 217-242.

Gause G F, 1934. The struggle for existence[M]. Bltimore: The Williams and Wilkins Co.: 35.

Gökkuş A, Koç A, Serin Y, et al., 1999. Hay yield and nitrogen harvest in smooth bromegrass mixtures with alfalfa and red clover in relation to nitrogen application[J]. European Journal of Agronomy, 10(2): 145-151.

Goldberg D E, Barton A M, 1992. Patterns and consequences of interspecific competition in natural communities: A review of field experiments with plants[J]. American Naturalist, 139: 771-801.

Grant S A, Suckling D F, Smith H K, et al., 1985. Comparative studies of diet selection by sheep and cattle: The hill grasslands[J]. Journal of Ecology, 73(3): 987-1004.

Grime J P, 1979. Plant strategies and vegetation processes[M]. Chichester: John Wiley and Sons, Inc.: 55.

Gurevitch J, Scheiner S M, Fox G A, 2002. The ecology of plants[M]. Massachusetts: Sinauer Associates: 185-211.

Gustine D L, Huff D R. 1999. Genetic variation within and among white clover populations from managed permanent pastures of the northeastern USA[J]. Crop Science, 39(2): 524-530.

Gustine D L, Sanderson M A, 2001. Molecular analysis of white clover population structure in grazed swards during two growing seasons[J]. Crop Science, 41(4): 1143-1149.

Heitschmidt R K, Briske D D, Price D L, 1990. Pattern of interspecific tiller defoliation in a mixed grass prairie grazed by cattle[J]. Grass and Forage Science, 45(2): 215-222.

Hodgson J, 1990. Grazing management: Science into practice[M]. London: Longman Group: 4, 7, 28, 33.

Hodgson J, Dasilva S C, 2000. Sustainability of grazing system: goals, concepts and methods[M]//Lemaire G, Hodgson J, de Moraes A. Grassland ecophysiology and grazing ecology[M]. New York: CABI Publishing: 35-48.

Holt R D, 1977. Predation, apparent competition and the structure of prey communities[J]. Theoretical Population Biology, 12(2): 197-229.

Hooper D U, Vitousek P M, 1997. The effects of plant composition and diversity on ecosystem processes[J]. Science, 277(29): 1302-1305.

Hughes J B, Rougharden J, 1998. Aggregate community properties and the strength of species' interactions[J]. Proceedings of the National Academy of Sciences of the United States of America, 95(12): 6837-6842.

Illius A W, Hodgson J, 1996. Progress in understanding the ecology and management of grazing system[M]//Hodgson J, Illius A M. The ecology and management of grazing system. New York: CABI Publishing: 429-457.

Jagusch K T, Kidd G T, 1982. Seminar on dairy goat husbandry and medicine[M]. Wellington: The Northland Branch of the Property Institute of New Zealand: 22-29.

James B, Stuart C P, Mcgraw, 1989. Competitive ability and adaptation to fertile and infertile soils in two eriophoyum species[J]. Ecology, 70(3): 736-749.

Jarrell D C, Roose M L, Traugh S N, et al., 1992. A genetic map of citrus based on the segregation of isozymes and RFLPs in an intergeneric cross[J]. TAG Theoretical and Applied Genetics, 84(1/2): 49-56.

Jones R J, Jone R M, 1978. The ecology of siratro-based pastures[M]//Wilson J R. Plants relations in pastures. Melbourne: Commonwealth Scientific and Industrial Research Organisation: 33-45.

Kaljund K, Leht M, Jaaska V, 2017. Low seed production in populations of Trifolium alpestre with a high genotypic diversity and a spatial clonal structure[J]. Nordic Journal of Botany, 36(4): 1-11.

Kays S, Harper J L, 1974. The regulation of plant and tiller density in a grass sward[J]. Journal of Ecology, 62(1): 97-105.

Lambert M G, Clark D A, Rolston M P, 1981. Use of goats for coarse weed control in hill country[C]. Proceedings of the 33rd Ruakura Farmers' Conference, Hamilton, New Zealand, 167-171.

Law R, Watkinson A R, 1987. Response-surface analysis of two-species competition: An experiment on phleum arenarium and Vulpia fasciculate[J]. Journal of Ecology, 75(3): 871-886.

Lawrey J D, 1983. Lichen herbivore preference: A test of two htpotheses[J]. American Journal of Botany, 70(8): 1188-1194.

Leafe E L, Parons A J, 1981. 放牧草地的生长生理学研究[C]//第十四届国际草地学术会议论文集. 北京：中国农业出版社：15-19.

Lemaire G, Chapman D, 1996. Tissue flows in grazed plant communities[M]//Hodgson J, Illius A M. The ecology and management of grazing systems[M]. New York: CABI Publishing: 3-36.

Loreau M, 2000. Biodiversity and ecosystem function: Recent theoretical advance[J]. Oikos, 91(1): 3-17.

Malachek J C, Leinweber C L, 1972. Range management[M]. New York: CABI Publishing: 25, 105.

Matthews C, Lemaire G, Sackville N R, et al., 1995. A modified self-thinning equation to describe size/density relationships for defoliated swards[J]. Annals of Botany, 76(6): 579-587.

McDermott A, Wang Y S, 2000. Techniques of pasture livestock system for Southwest China[M]. Beijing: UNDP-UNV China Office: 5-6.

McGall D G, Lambert M G, 1992. Pasture feeding of goats[M]//Nicol A M. Livestock feeding on pasture. Palmerston North: New Zealand Society of Animal Production: 105-110.

Meloni M, Reid A, Caujapé-Castells J, 2015. High genetic diversity and population structure in the endangered Canarian endemic Ruta oreojasme (Rutaceae) [J]. Genetica, 143(5): 571-580.

Menneer J C, Ledgard S, McLay C, et al., 2004. The impact of grazing animals on N_2 fixation in legume-based pastures and management options for improvement[J]. Advances in Agronomy, 83: 81-241.

Mijatiović M, 1981. 禾本科/豆科牧草的混播和施肥是人工草地的生态因素[C]//第十四届国际草地学术会议论文集. 北京：中国农业出版社：26-33.

Norton B W, 1985. In first international cashmere seminar[D]. Canberra: Australian National University: 91-102.

National Research Council of the United States, 1981. Nutrient requirements of farm animals No 15. Nutrient requirements of goats[S]. Washington, D.C.: National Research Council of the United States: 45-47.

O'Connor T G, 1999. Local extinction in perennial grasslands: A life history approach[J]. American Naturalist, 137: 753-773.

Prigge A W, Bryan W B, Goldmen-Innis E S, 1999. Early- and late-season grazing of orchardgrass and fescue hayfields overseeded with red clover[J]. Agronomy Journal, 91(4): 690-696.

Provenza F D, Villalba J J, Dziba L E, et al., 2003. Linking herbivore experience, varied diets, and plant biochemical diversity[J]. Small Ruminant Research, 49(3): 257-274.

Reynolds J H, Ford E D, 2005. Improving competition representation in theoretical models of self-thinning: A criticalreview[J]. Journal of Ecology, 93(2): 362-372.

Rhoades D F, 1985. Offensive-defensive interactions between herbivores and plants: their relevance in herbivore population dynamics and ecological theory[J]. American Naturalist, 125: 205-238.

Sale P E, 1977. Maintenance of high diversity in coral reef fish communities[J]. American Naturalist, 111: 337-359.

Samah S, Cruz M, Valadez-Moctezuma E, 2016. Genetic diversity, genotype discrimination, and population structure of Mexican opuntia sp. Determined by SSR markers[J]. Plant Molecular Biology Reporter, 34(1): 146-159.

Scheneiter J O, Escuder C J, Cangiano C A, 1999. Herbage production of red clover cultivars in mixtures with perennial ryegrass and prairie grass under grazing[J]. Journal of Production Agriculture, 12(2): 231-234.

Schwinning S, Parsons A J, 1996. A spatial explicit population model of stoloniferous N-fixing legumes in mixed pasture with grass[J]. Journal of Ecology, 84(6): 815-826.

Scott D W, Tileman D, 1993. Plant competition and resource availability in response to disturbance and fertilization[J]. Ecology, 74(2): 599-611.

Sheath G W, Hay R J M, Giles K H, 1987. Managing pastures for grazing animals[M]//Nicol A M. Livestock feeding on pasture. Palmerston North: New Zealand Society of Animal Production: 65-74.

Sheath G W, Clark D A, 1996. Management of grazing system: temperate pastures[M]//Hodgson J, Illius A M. The ecology and management of grazing systems. New York: CABI Publishing: 301-324.

Silvertown J, Cathy E M, Pam Dale M, 1994. Spatial competition between grasses-rates of mutual invasion between four species and the interaction with grazing[J]. Journal of Ecology, 82(1): 31-39.

Silvertown J, Poulton P, Johnston E, et al., 2006. The park grass experiment 1856-2006: Its contribution to ecology[J]. Journal of Ecology, 94(4): 801-814.

Slatkin M, 1987. Gene flow and geographic structure of natural populations[J]. Science, 236(4803): 787-792.

Stapley J, Filey W J, Cunningham R, et al., 2000. How well can common brushtail possums regulate their intake of Eucalyptus toxins? [J]. Journal of Comparative Physiology, 170(3): 211-218.

Suckling F E T, 1966. Hill pasture improvement[M]. Wanganui: Department of Scientific and Industrial Research: 11-18.

Tilman D, 1982. Resource competition and community structure[M]. Princeton: Princeton University Press: 35-38.

Tilman D, Downing J A, 1994. Biodiversity and stability in grasslands[J]. Nature, 367(27): 363-365.

Tilman D, 1996. Biodiversity: Population versus ecosystem stability[J]. Ecology, 77(2): 350-363.

Tilman D, 1997. Distinguishing the effects of species diversity and species composition[J]. Oikos, 80(1): 185.

Tracy B F, Sanderson M A, 2004. Forage productivity, species evenness and weed invasion in pasture communities[J]. Agriculture, Ecosystems and Environment, 102(2): 175-183.

Trenbath B R, 1976. Models and the interpretation of mixture experiments[C]. Proceeding of a Symposium Plant Relation in Pastures, Brisbane, Australia, 145-161.

Vandermeer J, Noordwijk M, Anderson J, et al., 1998. Global change and multi-species agroecosystems: concepts and issues[J]. Agriculture, Ecosystems and Environment, 67(1): 1-22.

van Treuren R, Bas N, Goossens P J, et al., 2005. Genetic diversity in perennial ryegrass and white clover among old Dutch grasslands as compared to cultivars and nature reserves[J]. Molecular Ecology, 14(1): 39-52.

Vinther E P, 2005. Effects of cutting frequency on plant production, N-uptake and N_2 fixation in above- and below-ground plant biomass of perennial ryegrass- white clover swards[J]. Grass and Forage Science, 61(2): 154-163.

Wardle D A, 1999. Is "sampling effect" a problem for experiment investigating biodiversity-ecosystem function relationships? [J]. Oikos, 87(2): 403-407.

Wardle D A, Bonner K, Barker G, 2000. Stability of system properties in response to above-ground functional group richness and composition[J]. Oikos, 89(1): 11-23.

Wedin D, Tillman D, 1990. Species effects on nitrogen cycling: A test with perennial grasses[J]. Oecologia, 84(4): 433-441.

Widdup K H, Caradus J R, Green J, et al., 1995. White clover ecotype germplasm from the USA for development of New Zealand and overseas cultivars[J]. Journal of New Zealand Grasslands, 6: 149-154.

Williams T A, Abberton, M T, Thornley W, et al., 2000. Relationships between the yield of perennial ryegrass and of small-leaved white clover under cutting or continuous grazing by sheep[J]. Grass and Forage, 56(3): 231-237.

Yoda K, Kira T, Ogawa H, 1963. Self-thinning in overcrowded pure stands under cultivated and natural conditions[J]. Journal of Biology of Osaka City University, 14: 107-129.

Zhang S B, Ferry S J W, Zhang J L, 2011. Spatial patterns of wood traits in China are controlled by phylogeny and the environment[J]. Global Ecology and Biogeography, 20(2): 241-250.

Zietkiewicz E, Rafalski A, Labuda D, 1994. Genome fingerprinting by simple sequence repeat(SSR) anchored polymerase chain reaction amplification[J]. Genomics, 20(2): 176-183.

后 记

100多年前,有一个叫柏格理(Samuel Pollard)的英国传教士,于1905年从英国带回白三叶、多年生黑麦草等牧草种子,在贵州省威宁县石门坎乡建植了一个足球场草坪,一直使用至今。这是中国最早的运动草坪之一,可能也是西南地区维持时间最长的混播草地群落。然而,之后的几十年时间里,贵州的石漠化越来越严重,群众赖以生存的土地越来越瘠薄。其中一个主要原因,是喀斯特群落稳定性机理不清楚,缺乏喀斯特山区草地利用与管理的科学理论与技术。

从1982年开始,任继周、蒋文兰、李向林、张英俊、王元素等一批草地生态学家,以贵州省威宁县灼圃草场为基地,对南方草山、草坡开发利用的关键技术进行攻关,开展系统研究和技术的集成应用,取得了一系列丰硕成果。到2018年,贵州的天然草地退化面积减少了一半,人工草地累计保留面积达到了820万亩,草原综合植被盖度86.5%,位居喀斯特分布省区市前列。

本书的主要研究是基于1985年在灼圃草场开始的混播草地试验,连续了30多年,其中部分成果与技术,已经应用于石漠化治理和退牧还草岩溶草地治理等喀斯特草地生态建设工程。如今,梳理成书,以期为绿水青山、金山银山的伟大实践尽绵薄之力。

贵州草地科研与实践,长期以来得到了兰州大学、甘肃农业大学、中国农业大学、新西兰梅西大学等国内外草地院校科研人员的支持,饱含着贵州省草原监理站、草地技术推广站、威宁高原草地试验站、省草业研究所、贵州大学等单位草地科研技术人员的不懈努力。贵州师范大学池永宽、吴永洁、王博等研究生以及本科生,参与部分草地野外调查和实验室分析。

今借以本书的出版,感谢所有为喀斯特草地稳定性科研与实践付出努力的人们。

彩 图

彩图 1-1　贵州喀斯特地貌（兴义万峰林）

彩图 1-2　重度石漠化（贵州关岭）

彩图 2-1　山地草甸（贵州威宁）

彩图 2-2　石质山区灌草丛草地（贵州关岭）

彩图 3-1　皇竹草（多年生草地，贵州关岭）

彩图 3-2　鸭茅+白三叶永久草地（贵州威宁）

（彩图编号顺序与正文章节对应）

彩图 3-3　石灰土种植紫花苜蓿（贵州关岭）

彩图 3-4　林下白三叶+鸭茅草地（贵州普安）

彩图 3-5　灼圃牧场 1985 年开始的混播试验（1989）

彩图 3-6　灼圃牧场 1985 年开始的混播试验（2017）

彩图 4-1　绵羊宿营法改良草地（贵州威宁）

彩图 4-2　黑麦草草地放牧繁殖母牛（贵州独山）